"十四五"高等职业教育新形态一体化教材

电子信息大类专业群课程系列

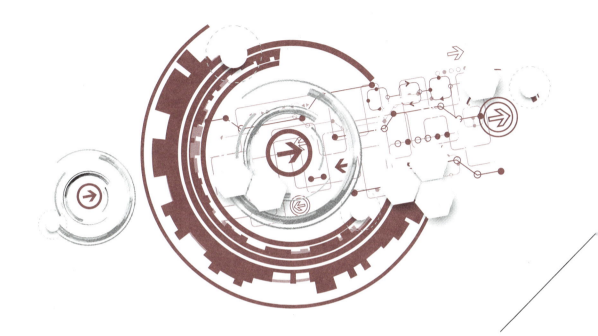

物联网应用技术概论 第2版

谭方勇 关 辉 ◎ 主 编
刘 刚 张 晶 臧燕翔 ◎ 副主编

中国铁道出版社有限公司
CHINA RAILWAY PUBLISHING HOUSE CO., LTD.

内 容 简 介

本书是在中央网络安全和信息化委员会 2021 年发布的《提升全民数字素养与技能行动纲要》和中央网信办、教育部、工业和信息化部、人力资源社会保障部 2024 年发布的《2024 年提升全民数字素养与技能工作要点》两个文件指导下,参考教育部发布的《高等职业教育专科信息技术课程标准（2021年版）》中"物联网"拓展模块的要求进行编写。

全书通过介绍人工智能、大数据、云计算等新一代信息技术与物联网技术的融合来介绍物联网技术的新特点和发展趋势，内容围绕当前物联网应用系统"端、管、云"的典型物联网体系架构展开，重点介绍物联网感知层、网络层、应用层中所涉及的关键技术及其应用，通过智能家居、智慧养殖以及智慧消防等物联网应用系统的简单搭建应用来验证相关物联网关键技术在实际场景中的应用。

本书采用新形态的教材形式，同时配套微课、PPT 讲稿、动画、习题以及在线课程网站等多种资源，以满足不同读者的需求。此外还邀请行业专家，校企合作编写，以确保内容贴合产业的现状，具有准确性和实用性。

本书适合作为高等职业院校物联网专业或相近专业的教材，也可供物联网系统相关的运维管理员、物联网工程技术人员以及广大物联网技术爱好者阅读和参考。

图书在版编目（CIP）数据

物联网应用技术概论 / 谭方勇，关辉主编 . —2 版 . —北京：中国铁道出版社有限公司，2024.5
"十四五"高等职业教育新形态一体化教材
ISBN 978-7-113-31131-5

Ⅰ.①物… Ⅱ.①谭…②关… Ⅲ.①物联网－应用－高等职业教育－教材 Ⅳ.① TP393.4 ② TP18

中国国家版本馆 CIP 数据核字 (2024) 第 064634 号

书　　名	物联网应用技术概论
作　　者	谭方勇　关　辉

策　　划	翟玉峰	编辑部电话：	(010) 63551006
责任编辑	翟玉峰　贾淑媛		
封面设计	尚明龙		
责任校对	安海燕		
责任印制	樊启鹏		

出版发行：中国铁道出版社有限公司（100054，北京市西城区右安门西街 8 号）
网　　址：https://www.tdpress.com/51eds/
印　　刷：河北宝昌佳彩印刷有限公司
版　　次：2020 年 12 月第 1 版　2024 年 5 月第 2 版　2024 年 5 月第 1 次印刷
开　　本：850 mm×1 168 mm　1/16　印张：14　字数：313 千
书　　号：ISBN 978-7-113-31131-5
定　　价：42.00 元

版权所有　侵权必究

凡购买铁道版图书，如有印制质量问题，请与本社教材图书营销部联系调换。电话：（010）63550836
打击盗版举报电话：（010）63549461

"十四五"高等职业教育新形态一体化教材
编审委员会

总顾问：谭浩强（清华大学）　　　　　　　黄心渊（中国传媒大学）

主　任：高　林（北京联合大学）

副主任：鲍　洁（北京联合大学）　　　　　眭碧霞（常州信息职业技术学院）

　　　　孙仲山（宁波职业技术学院）　　　秦绪好（中国铁道出版社有限公司）

委　员：（按姓氏笔画排序）

于　京（北京电子科技职业学院）	于　鹏（新华三技术有限公司）
于大为（苏州信息职业技术学院）	万　冬（北京信息职业技术学院）
万　斌（珠海金山办公软件有限公司）	王　芳（浙江机电职业技术学院）
王　坤（陕西工业职业技术学院）	王　忠（海南经贸职业技术学院）
方风波（荆州职业技术学院）	方水平（北京工业职业技术学院）
左晓英（黑龙江交通职业技术学院）	龙　翔（湖北生物科技职业学院）
史宝会（北京信息职业技术学院）	乐　璐（南京城市职业学院）
吕坤颐（重庆城市管理职业学院）	朱伟华（吉林电子信息职业技术学院）
朱震忠（西门子(中国)有限公司）	邬厚民（广州科技贸易职业学院）
刘　松（天津电子信息职业技术学院）	汤　徽（新华三技术有限公司）
阮进军（安徽商贸职业技术学院）	孙　刚（南京信息职业技术学院）
孙　霞（嘉兴职业技术学院）	芦　星（北京久其软件有限公司）
杜　辉（北京电子科技职业学院）	李军旺（岳阳职业技术学院）
杨文虎（山东职业学院）	杨龙平（柳州铁道职业技术学院）
杨国华（无锡商业职业技术学院）	吴　俊（义乌工商职业技术学院）

吴和群（呼和浩特职业学院）　　　　汪晓璐（江苏经贸职业技术学院）

张　伟（浙江求是科教设备有限公司）　张明白（百科荣创（北京）科技发展有限公司）

陈小中（常州工程职业技术学院）　　陈子珍（宁波职业技术学院）

陈云志（杭州职业技术学院）　　　　陈晓男（无锡科技职业学院）

陈祥章（徐州工业职业技术学院）　　邵　瑛（上海电子信息职业技术学院）

武春岭（重庆电子工程职业学院）　　苗春雨（杭州安恒信息技术股份有限公司）

罗保山（武汉软件职业技术学院）　　周连兵（东营职业学院）

郑剑海（北京杰创科技有限公司）　　胡大威（武汉职业技术学院）

胡光永（南京工业职业技术大学）　　姜大庆（南通科技职业学院）

聂　哲（深圳职业技术学院）　　　　贾树生（天津商务职业学院）

倪　勇（浙江机电职业技术学院）　　徐守政（杭州朗迅科技有限公司）

盛鸿宇（北京联合大学）　　　　　　崔英敏（私立华联学院）

葛　鹏（随机数（浙江）智能科技有限公司）　焦　战（辽宁轻工职业学院）

曾文权（广东科学技术职业学院）　　温常青（江西环境工程职业学院）

赫　亮（北京金芥子国际教育咨询有限公司）　蔡　铁（深圳信息职业技术学院）

谭方勇（苏州职业大学）　　　　　　翟玉锋（烟台职业技术学院）

樊　睿（杭州安恒信息技术股份有限公司）

秘　书：翟玉峰（中国铁道出版社有限公司）

序

  2021年十三届全国人大四次会议表决通过的《中华人民共和国国民经济和社会发展第十四个五年规划和2035年远景目标纲要》，对我国社会主义现代化建设进行了全面部署。"十四五"时期对教育的定位是建立高质量的教育体系，对职业教育的定位是增强职业教育的适应性。当前，在百年未有之大变局下，在"十四五"开局之年，如何切实推动落实《国家职业教育改革实施方案》《职业教育提质培优行动计划（2020—2023年）》等文件要求，是新时代职业教育适应国家高质量发展的核心任务。新科技和新工业化发展阶段的到来和我国产业高端化转型，必然引发企业用人需求和聘用标准发生新的变化，以人才需求为起点的高职人才培养理念使创新中国特色人才培养模式成为高职战线的核心任务，为此国务院和教育部制订和发布的包括1+X职业技能等级证书制度、专业群建设、"双高计划"、专业教学标准、信息技术课程标准、实训基地建设标准等一系列具体的指导性文件，为探索新时代中国特色高职人才培养指明了方向。

  要落实国家职业教育改革一系列文件精神，培养高质量人才，就必须解决"教什么"的问题，必须解决课程教学内容适应产业新业态、行业新工艺、新标准要求等难题，教材建设改革创新就显得尤为重要。国家这几年对于职业教育教材建设下了很大的力度，2019年，教育部发布了《职业院校教材管理办法》（教材〔2019〕3号）、《关于组织开展"十三五"职业教育国家规划教材建设工作的通知》（教职成司函〔2019〕94号），在 2020 年又启动了《首届全国教材建设奖全国优秀教材（职业教育与继续教育类）》评选活动，这些都旨在选出具有职业教育特色的优秀教材，并对下一步如何建设好教材进一步明确了方向。在这种背景下，坚持以习近平新时代中国特色社会主义思想为指导，落实立德树人根本任务，适应新技术、新产业、新业态、新模式对人才培养的新要求，中国铁道出版社有限公司邀请我与鲍洁教授共同策划组织了"'十四五'高等职业教育新形态一体化教材"，尤其是我国知名计算机教育专家谭浩强教授、全国高等院校计算机基础教育研究会会长黄心渊教授对课程建设和教材编写都提出了重要的指导意见。这套教材在设计上把握了这样几个原则：

1．价值引领，育人为本。牢牢把握教材建设的政治方向和价值导向，充分体现党和国家的意志，体现鲜明的专业领域指向性，发挥教材的铸魂育人、关键支撑、固本培元、文化交流等功能和作用，培养适应创新型国家、制造强国、网络强国、数字中国、智慧社会的不可或缺的高层次、高素质技术技能型人才。

2．内容先进，突出特性。充分发挥高等职业教育服务行业产业优势，及时将行业、产业的新技术、新工艺、新规范作为内容模块，融入了教材中。并且为强化学生职业素养养成和专业技术积累，将专业精神、职业精神和工匠精神融入教材内容，满足职业教育的需求。此外，为适应项目学习、案例学习、模块化学习等不同学习方式要求，注重以真实生产项目、典型工作任务、案例等为载体组织教学单元的教材、新型活页式、工作手册式等教材，反映人才培养模式和教学改革方向，有效激发学生学习兴趣和创新潜能。

3．改革创新，融合发展。遵循教育规律和人才成长规律，结合新一代信息技术发展和产业变革对人才的需求，加强校企合作、深化产教融合，深入推进教材建设改革。加强教材与教学、教材与课程、教材与教法、线上与线下的紧密结合，信息技术与教育教学的深度融合，通过配套数字化教学资源，满足教学需求和符合学生特点的新形态一体化教材。

4. 加强协同，锤炼精品。准确把握新时代方位，深刻认识新形势新任务，激发教师、企业人员内在动力。组建学术造诣高、教学经验丰富、熟悉教材工作的专家队伍，支持科教协同、校企协同、校际协同开展教材编写，全面提升教材建设的科学化水平，打造一批满足学科专业建设要求，能支撑人才成长需要、经得起实践检验的精品教材。

按照教育部关于职业院校教材的相关要求，充分体现工业和信息化领域相关行业特色，以高职专业和课程改革为基础，编写信息技术课程、专业群平台课程、专业核心课程等所需教材。本套教材计划出版4个系列，具体为：

1．信息技术课程系列。教育部发布的《高等职业教育专科信息技术课程标准（2021年版）》给出了高职计算机公共课程新标准，新标准由必修的基础模块和由12项内容组成的拓展模块两部分构成。拓展模块反映了新一代信息技术对高职学生的新要求，各地区、各学校可根据国家有关规定，结合地方资源、学校特色、专业需要和学生实际情况，自主确定拓展模块教学内容。在这种新标准、新模式、新要求下构建了该系列教材。

2．电子信息大类专业群课程系列。高等职业教育大力推进专业群建设，基于产业需求的专业结构，使人才培养更适应现代产业的发展和职业岗位的变化。构建具有引领作用的专业群平台课程和开发相关教材，彰显专业群的特色优势地位，提升电子信息大类专业群平台课程在高职教育中的影响力。

3．新一代信息技术类典型专业课程系列。以人工智能、大数据、云计算、移动通信、物联网、区块链等为代表的新一代信息技术，是信息技术的纵向升级，也是信息技术之间及其与相关产业的横向融合。在此技术背景下，围绕新一代信息技术专业群（专业）建设需要，重点聚焦这些专业群（专业）缺乏教材或者没有高水平教材的专业核心课程，完善专业教材体系，支撑新专业加快发展建设。

4．本科专业课程系列。 在厘清应用型本科、高职本科、高职专科关系，明确高职本科服务目标，准确定位高职本科基础上，研究高职本科电子信息类典型专业人才培养方案和课程体系，重在培养高层次技术技能型人才，组织编写该系列教材。

新时代，职业教育正在步入创新发展的关键期，与之配合的教育模式以及相关的诸多建设都在深入探索。本套教材建设按照"选优、选精、选特、选新"的原则，发挥在高等职业教育领域的院校、企业的特色和优势，调动高水平教师、企业专家参与，整合学校、行业、产业、教育教学资源，充分发挥教材建设在提高人才培养质量中的基础性作用，集中力量打造与我国高等职业教育高质量发展需求相匹配、内容形式创新、教学效果好的课程教材体系，努力培养德智体美劳全面发展的高层次、高素质技术技能人才。

本套教材内容前瞻，体系灵活，资源丰富，是值得关注的一套好教材。

国家职业教育指导咨询委员会委员
北京高等学校高等教育学会计算机分会理事长
全国高等院校计算机基础教育研究会荣誉副会长

2021 年 8 月

前言

习近平总书记在党的二十大报告中提出："坚持把发展经济的着力点放在实体经济上，推进新型工业化，加快建设制造强国、质量强国、航天强国、交通强国、网络强国、数字中国。"新一代信息技术在制造业数字化转型中发挥着重要作用，推动制造业高质量发展。物联网应用技术作为新一代信息技术中的一项关键技术，在推动我国当前工业互联网、智能制造等产业的高质量发展中将发挥非常重要的作用，在政府公共事业、智慧城市、智能交通、环境监测、智慧医疗、智能家居等众多领域都有着广泛的应用，因此很多不同行业对物联网相关的应用型人才需求也日益增加。本书从物联网技术及相关产业的岗位需求分析出发，根据高等职业院校物联网应用技术专业教学标准中"物联网概论"课程的教学内容，确定了全书的体系和编写思路，并将职业技能标准、职业技能竞赛以及思政内容融入其中。

本书第 1 版是苏州市职业大学校级重点教材，也是全国高等院校计算机基础教育研究会 2019—2020 年度优秀教材。自第 1 版发行以来，物联网技术又有了较大的发展，特别是人工智能、大数据和云计算等新一代信息技术与物联网技术相结合后，物联网的内涵又有了新的变化，关键技术、典型物联网应用场景也在不断地更新。针对上述物联网技术发展以及产业对人才知识和技能需求的变化，特对第 1 版进行修订。修订后的内容结合"端、管、云"的典型物联网体系架构，从感知、网络、应用这三个层次来介绍物联网应用技术专业涉及的典型工作任务需要具备的物联网基础知识、技术技能标准以及综合应用案例，全书共分为 7 章，具体包括物联网概念及其应用领域、物联网体系结构、物联网感知层关键技术、物联网网络层关键技术、物联网应用层关键技术、物联网安全关键技术以及物联物网典型应用案例等。

本书的编写团队包括企业技术专家和院校教师。企业技术专家负责提供丰富的物联网应用场景和当前物联网产业中主流的物联网关键技术资料；长期在学校从事物联网技术教学、具有丰富教学经验的教师负责体系结构设计、案例及内容的设计与编写。团队其他成员也都具有丰富的专业知识和教学改革经验，并在课程教学、学生竞赛、教材编写等方面都取得了较好的成绩。另外，在编写过程中还得到了中国电信苏州分公司臧燕翔、葛周敏的建议和帮助，并提供了相关的案例素材。北京京胜世纪科技有限公司王喜胜，提供了物联网虚拟仿真实训平台及相关资料，苏州芒种物联网科技有限公司薛明刚为本书智慧养殖案例设计提供建议，苏州国网电子科技有限公司陆春民为智慧消防案例设计提供帮助。

本书由苏州市职业大学谭方勇、关辉担任主编，苏州市职业大学刘刚、张晶和中国电信苏州分公司臧燕翔担任副主编，苏州市职业大学王德鹏、钱平，苏州芒种物联网科技有限公司薛明刚参与编写。本书由谭方勇确定编写思路并制订了内容体系和编写大纲，并负责全书统稿和校订。

本书适合作为高等职业教育本科、专科物联网及相关专业的教材和参考书，也适合作为物联网系统相关的运维管理员、物联网工程技术人员以及广大物联网技术爱好者阅读参考。

由于编者的水平有限，书中难免存在不妥之处，敬请各位读者批评指正，联系邮箱：tanfy@126.com。

编 者
2024 年 1 月

配套资源索引

微课

序号	项目名称	资源类型	资源名称	页码
1	第1章 物联网的概念及应用领域	视频	物联网的概念	1
2		文档	ARPANET介绍	3
3		文档	对"物联网"认识的几个误区	3
4		文档	泛在网介绍	4
5		视频	物联网的发展趋势	8
6		视频	物联网的主要应用领域	10
7		视频	物联网与其他技术的融合	14
8	第2章 物联网的体系结构	视频	物联网体系结构概述	19
9		视频	感知层在物联网中的作用	20
10		文档	RS-485通信的基本原理	22
11		视频	网络层在物联网中的作用	27
12		视频	应用层在物联网中的作用	30
13		文档	MQTT通信协议	33
14	第3章 物联网感知层关键技术	视频	自动识别技术	38
15		视频	自动识别技术应用	38
16		文档	RFID技术	44
17		视频	感知世界、物联万物	54
18		文档	智能手机中的传感器	56
19		视频	传感器技术	61
20		视频	传感器技术应用	61
21		文档	生物识别技术	66
22		视频	智能终端技术	71
23		文档	智能终端技术应用案例	74
24		视频	智能终端应用	74
25	第4章 物联网网络层关键技术	视频	物联网通信技术—接入技术	78
26		视频	互联网通信技术	94
27		视频	短距离无线通信技术	95
28		文档	蓝牙	95
29		文档	ZigBee	97
30		文档	UWB	97
31		文档	NFC	98
32		文档	Z-WAVE	98

序号	项目名称	资源类型	资源名称	页码
33		文档	IrDA技术	99
34		文档	HomeRF	99
35		文档	Wi-Fi	100
36		文档	NB-IOT	107
37		文档	3GPP	107
38		视频	低功耗广域网技术	111
39	第4章 物联网网络层关键技术	文档	GSM全球移动通信系统	113
40		文档	GPRS分组无线业务	114
41		文档	CDMA码分多址	114
42		文档	CDMA2000、WCDMA、TD-SCDMA	114
43		文档	TD-LTE、FDD-LTE	115
44		文档	5G通信技术	116
45		视频	移动通信技术	116
46		文档	主流开源云计算软件	123
47		视频	云计算技术	129
48		文档	大数据相关技术方法	129
49		视频	大数据技术	134
50	第5章 物联网应用层关键技术	文档	机器学习及其五种创新形式应用	137
51		文档	生活中七大人工智能应用	139
52		视频	人工智能技术	142
53		文档	不可或缺的物联网中间件	146
54		视频	中间件技术	146
55		文档	物联网安全威胁和物联网安全关键技术	162
56	第6章 物联网安全关键技术	视频	中间人攻击—ARP	164
57		视频	物联网应用层安全—CSRF位置	165
58		视频	智能家居应用1	171
59		视频	智能家居应用2	179
60		视频	智能家居虚拟仿真演示	179
61	第7章 物联网典型应用案例	视频	智慧养殖应用1	180
62		视频	智慧养殖应用2	184
63		视频	智慧消防概述	185
64		视频	智慧消防应用	188
65		视频	在PT中搭建智能家居环境	190
66	附录A 课程概述	视频	课程概述	191

目 录

第1章 物联网的概念及应用领域 1

1.1 物联网的概念 1
- 1.1.1 相关概念 2
- 1.1.2 物联网的定义 4
- 1.1.3 物联网的内涵 4

1.2 物联网的特征 5
- 1.2.1 全面感知能力 6
- 1.2.2 可靠传递能力 6
- 1.2.3 智能化处理能力 7
- 1.2.4 其他特征 7

1.3 物联网发展历史、现状及趋势 8
- 1.3.1 物联网发展历史 8
- 1.3.2 物联网发展现状 9
- 1.3.3 物联网发展趋势 9

1.4 物联网的主要应用领域 10
- 1.4.1 家居生活领域 10
- 1.4.2 农业生产领域 11
- 1.4.3 工业控制领域 12
- 1.4.4 智慧城市领域 13
- 1.4.5 智慧医疗领域 13

1.5 物联网与其他技术的融合 14
- 1.5.1 物联网与5G通信技术 14
- 1.5.2 物联网与大数据技术 15
- 1.5.3 物联网与人工智能技术 16

习 题 16

第2章 物联网的体系结构 ... 18
2.1 物联网体系结构概述 ... 19
2.2 感知层在物联网中的作用 ... 20
2.2.1 感知层在物联网中的重要性 ... 20
2.2.2 感知层的功能描述 ... 21
2.3 网络层在物联网中的作用 ... 27
2.3.1 网络层在物联网中的重要性 ... 27
2.3.2 网络层的功能描述 ... 28
2.4 应用层在物联网中的作用 ... 30
2.4.1 应用层在物联网中的重要性 ... 30
2.4.2 应用层的功能描述 ... 31
习 题 ... 35

第3章 物联网感知层关键技术 ... 37
3.1 自动识别技术 ... 37
3.1.1 条形码识别技术 ... 38
3.1.2 射频识别技术 ... 42
3.1.3 图像识别技术 ... 45
3.1.4 磁卡及IC卡识别技术 ... 49
3.1.5 光学字符识别技术 ... 49
3.1.6 语音识别技术 ... 52
3.2 感知技术 ... 54
3.2.1 传感器技术 ... 54
3.2.2 生物识别技术 ... 61
3.2.3 定位技术 ... 66
3.3 智能终端技术 ... 69
3.3.1 智能终端工作原理 ... 70
3.3.2 智能终端的分类 ... 70
3.3.3 智能终端在智慧城市中的应用案例 ... 71
3.4 感知技术认知实践 ... 74
习 题 ... 75

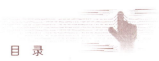

第 4 章　物联网网络层关键技术 78
4.1　物联网接入网技术 78
4.1.1　串口方式接入 79
4.1.2　物联网网关接入 83
4.1.3　物联网云平台（物联网联接管理平台）接入 87
4.2　互联网通信技术 92
4.2.1　互联网主要特点 92
4.2.2　网络通信协议 92
4.2.3　常见的互联网通信技术 93
4.3　短距离无线通信技术 95
4.3.1　蓝牙技术 95
4.3.2　ZigBee 技术 96
4.3.3　UWB 技术 97
4.3.4　NFC 技术 97
4.3.5　Z-WAVE 技术 98
4.3.6　IrDA 技术 99
4.3.7　HomeRF 技术 99
4.3.8　Wi-Fi 技术 100
4.4　LPWAN 低功耗无线广域网技术 104
4.4.1　NB-IoT 技术 105
4.4.2　LoRA 技术 107
4.4.3　Sig-Fox 技术 108
4.4.4　LTE eMTC 技术 109
4.4.5　几种 LPWAN 网络技术的比较 110
4.5　移动通信技术 111
4.5.1　GSM 移动通信技术 112
4.5.2　GPRS 移动通信技术 113
4.5.3　CDMA 移动通信技术 114
4.5.4　3G 移动通信技术 114
4.5.5　4G 移动通信技术 115

  4.5.6 5G 移动通信技术 115
 4.6 卫星通信技术 116
  4.6.1 卫星通信技术的发展 116
  4.6.2 卫星通信技术的特点 117
  4.6.3 卫星通信系统的构成 118
  4.6.4 卫星通信技术的应用 118
 4.7 物联网网络层关键技术认知实践 119
 习 题 120

第 5 章　物联网应用层关键技术 122

 5.1 云计算技术 123
  5.1.1 云计算的起源 123
  5.1.2 云计算的定义与分类 123
  5.1.3 云计算的特征 125
  5.1.4 云计算的价值 125
  5.1.5 云计算与物联网 126
  5.1.6 华为云物联网平台介绍 128
 5.2 大数据技术 129
  5.2.1 大数据的概念 129
  5.2.2 大数据的特性 130
  5.2.3 大数据的来源 130
  5.2.4 大数据的处理流程 130
  5.2.5 大数据的典型应用 131
  5.2.6 大数据技术在物联网中的应用 132
 5.3 人工智能技术 135
  5.3.1 人工智能的概念 135
  5.3.2 人工智能的研究目标和内容 135
  5.3.3 人工智能的应用领域 136
  5.3.4 机器学习 137
  5.3.5 人工智能技术在物联网中的应用 139
  5.3.6 华为云 AI 开发平台 ModelArts 介绍 140

5.4 中间件技术 142
5.4.1 中间件的概念 142
5.4.2 物联网中间件的概念 143
5.4.3 物联网中间件的特点 143
5.4.4 物联网中间件在物联网系统中的主要作用 144
5.4.5 物联网中间件的典型应用 144
5.4.6 常见的物联网中间件框架平台 145
5.5 物联网应用系统 147
5.5.1 物联网应用系统概述 147
5.5.2 物联网应用系统的设计开发 147
5.5.3 物联网应用系统开发技术栈 149
5.5.4 基于华为云 IoT 开发物联网应用 151
5.6 物联网应用层关键技术认知实践 152
习 题 153

第 6 章 物联网安全关键技术 156
6.1 物联网安全概述 156
6.1.1 物联网安全的重要性 156
6.1.2 物联网的安全架构 158
6.1.3 物联网安全的特殊性 160
6.1.4 物联网安全的关键技术 160
6.2 物联网分层安全体系 162
6.2.1 感知层的安全问题与安全机制 163
6.2.2 网络层的安全问题 164
6.2.3 应用层的安全问题 165
6.3 物联网面临的其他安全风险 166
6.3.1 云计算面临的安全风险 166
6.3.2 WLAN 面临的安全风险 166
6.3.3 IPv6 面临的安全风险 167
6.3.4 无线传感器网络面临的安全风险 167
6.3.5 基于 RFID 的物联网应用安全 167

6.4 物联网安全认知实践 167
习　题 168

第 7 章　物联网典型应用案例 170

7.1 智能家居应用案例 170
　　7.1.1 智能家居应用系统概述 170
　　7.1.2 智能家居应用系统主要构成 171
　　7.1.3 智能家居系统的简单搭建及运行 175
7.2 智慧养殖应用案例 179
　　7.2.1 智慧养殖应用系统概述 179
　　7.2.2 智慧养殖应用系统主要构成 180
　　7.2.3 智慧养殖应用系统的简单搭建及运行 181
7.3 智慧消防应用案例 185
　　7.3.1 智慧消防应用系统概述 185
　　7.3.2 智慧消防应用系统的简单搭建及运行 188
7.4 在 PT 中搭建智能家居环境 190

附录 A　课程概述 191

A.1 物联网关键技术理论知识体系概述 191
A.2 对典型工作任务的支持 196
A.3 其他要阐述和说明的问题 197

习题参考答案 199

参考文献 206

第1章 物联网的概念及应用领域

随着物联网技术在我国各个垂直行业中越来越普及，物联网对人们工作和生活的影响也日益增加，不管是物联网的应用者还是建设者，都有必要了解物联网的概念及结构，并知道其可以应用于哪些主要的领域。同样，作为一名学习者，我们更应该熟悉其概念，并学会分辨不同的物联网技术及其应用场景，为成为一位合格的物联网领域的建设者奠定基础。

学习目标

知识目标
（1）掌握物联网的基本概念；（2）熟悉物联网的主要应用领域；（3）了解物联网的发展趋势；（4）理解物联网与其他技术的融合。

能力目标
（1）能解释物联网的定义及特征；（2）能说出物联网在不同行业中的应用场景；（3）能讲述物联网技术发展的趋势；（4）能解释物联网与5G、大数据、人工智能等技术的融合。

素质目标
（1）以对物联网内涵的理解培养对事物本质的求真意识；（2）以我国物联网发展的成果培养民族自信和文化自信；（3）以物联网在不同领域中的多样化应用培养探索和创新意识。

1.1 物联网的概念

视频

物联网的概念

全球信息化的发展经历了数字化、网络化和智能化三个阶段。第一次信息化浪潮出现在1980年左右。个人计算机的大规模普及应用标志着第一次信息化浪潮的到来，这一阶段可总结为以单机应用为主要特征的数字化阶段，解决了信息处理的难题。从20世纪90年代中期开始,以"信息高速公路"建设计划为标志,全球信息化迎来了蓬勃发展的第二次浪潮,即以互联网应用为主要特征的网络化阶段,解决了信息传输的难题。2010年前后,随着互联网向物联网(含工业互联网)延伸覆盖,"人-机-物"三元融合的发展态势已然成形。近年来,随着大数据、云计算、5G通信以及人工智能等技术相继出现,信息化正在开启以数据的深度挖掘和融合应用为主要特征的智能化阶段,解决了信息爆炸的难题。

仔细研究信息化发展的三个阶段,数字化、网络化和智能化是三条并行不悖的发展主线,其中:数字化奠定基础,实现数据资源的获取和积累;网络化构造平台,促进数据资源的流通和汇聚;智能化展现能力,通过多源数据的融合分析呈现信息应用的类人智能,帮助人类更好地认知事物和解决问题。

1.1.1 相关概念

1. 无线传感网

无线传感器网络(wireless sensor networks,WSN)是一种通过无线通信技术将部署在监测区域内的大量的传感器通过自由组织的方式组建成的一种网络,简称无线传感网。它就像一个协同工作的组织或团体,每个成员节点都各司其职,完成一个共同的任务目标,即将传感器采集的信息通过传感网节点内部的传输,最终由汇聚节点交给通信网关,并经由传输网络送至本地或云端服务器,如图1-1所示,这些内部的传感节点通过分工协作,最终实现对物理世界的信息采集、实时监测、信息传输、协同处理等功能。其类型可以分为传感器节点、路由节点以及汇聚节点等。

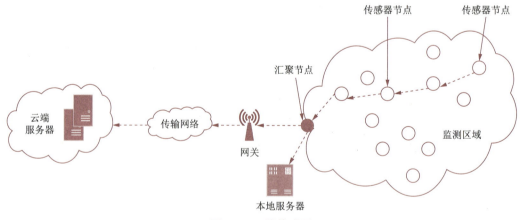

图1-1 无线传感网

2. 互联网

互联网(Internet)起源于20世纪60年代中期美国国防部高级研究计划署DARPA的前身ARPANET。时至今日,互联网已经渗透到人们日常生活的每一个环节,彻底改变了人们的生活。使用互联网可以让远在千里之外的人们相互交流,缩短了人们之间的空间距离,让通信变得更加顺畅。在当今信息化的时代下,可以说,互联网是信息社会的一块基石。

互联网，顾名思义，就是互相连接的网络，也称"因特网"，是指通过一组通用的协议，将更多的计算机互连起来，实现覆盖全世界的、逻辑上单一且规模巨大的国际全球化网络，因特网服务提供商（Internet service provider，ISP）为不同的用户提供互联网的接入服务，如图 1-2 所示。在互联网中，交换机、路由器、防火墙等是其中核心的网络互连设备。

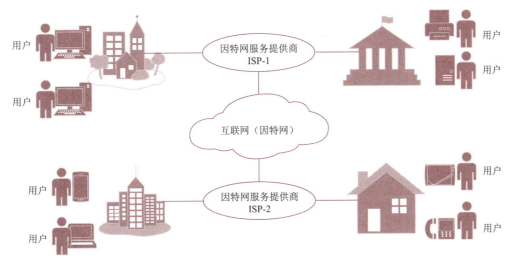

图 1-2 互联网

知识拓展：更多 ARPANET 的介绍，请扫二维码。

3．物联网

物联网（internet of things，IoT）就是能让物理世界中的物体和物体相互连接的网络。随着互联网络的普及，人们思考这样一个问题：无所不在的网络实现了人类之间的沟通，那为什么不能将网络作为物与物、物与人之间沟通的工具呢？因此，物联网诞生了，它在互联网络的基础上实现了网络向"物"的延伸。

物联网这个概念最早是由麻省理工学院（MIT）研究中心（Auto-ID Labs）在 1999 年研究 RFID 时提出的。2005 年国际电信联盟（ITU）发布的同名报告中，物联网的定义和范围已经发生了变化，不再只是指基于 RFID 技术的物联网，覆盖范围有了较大的拓展。

知识拓展：更多对物联网概念认识的介绍，请扫描二维码。

4．泛在网

1991 年，施乐实验室首次提出"泛在计算"的概念。泛在计算描述了任何人不管何时、何地，都可以通过合适的终端设备与网络连接，将信息处理嵌入到计算设备中，从而协同地为用户提供信息通信服务。

泛在网（ubiquitous networking）由适当的终端设备连接网络，是由智能网络、计算机技术及其他先进的数字技术基础设施组合而成的技术形态，从而实现空间信息与物理信息之间的无缝对接，按需获得个性化的信息服务。泛在网的三个特征分别是：无所不在、无所不含、无所不能。具体来说就是实现 5A 条件，即实现任何时间（Anytime）、任何地点（Anywhere）、任何人（Anyone）、任何物（Anything）、任何对象（Any Object）之间顺畅地通信。

知识拓展：更多对泛在网的介绍，请扫描二维码。

5. 不同网络之间的关系

不同网络之间的关系如图1-3所示。

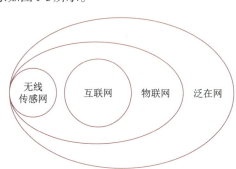

图1-3 不同网络之间的关系

无线传感网是将传感节点互联来实现物与物的通信，其是物联网的一部分；互联网利用通信网络，实现计算机之间的互联，让人们可以进行远距离的沟通交流，它也是物联网的一个重要组成部分；物联网是互联网的延伸，既能实现物与物之间的通信，又能实现人与物之间的交流；泛在网是物联网发展的最终形式，能实现物与物、人与物、人与人之间的全方位通信。

1.1.2 物联网的定义

通过上述对无线传感网、物联网、互联网以及泛在网这几个概念的认识，我们再来重新梳理一下物联网的定义。

显然，物联网发展到现在与其最早定义（"把所有物品通过射频识别等信息传感设备与互联网连接起来，实现智能化识别和管理"）已经有了不少扩展和变化，物联网已经不再仅限于RFID射频技术和WSN无线传感网技术，其内涵有了更大的延伸，有更多的感知技术应用于物联网的数据采集，有更多的网络通信技术拓展了物联网通信范围，有更多的智能化技术让物联网推广到各行各业。

随着物联网技术进一步发展，物联网的定义又有了新的内涵，它是指通过信息感知设备（如射频识别装置、无线传感器节点、摄像头等），按照约定的协议，把任何物体与互联网连接起来，进行信息交换和通信，实现智能化识别、定位、跟踪、监控以及管理的一种网络。物联网是在互联网基础上延伸和扩展的网络，是信息化向智能化转变的过程。

1.1.3 物联网的内涵

在现代物联网的应用场景下，数据的生产者是"物"，例如各类传感器、智能设备、

RFID等，而数据的消费者已经不仅限于人类，其主体也可能是"物"，如，在智能家居场景中，室内的温湿度传感器周期性地将数据上传至控制中心，当温湿度高于一定的阈值时，控制中心可以自动打开空调的降温、除湿功能。可见在此场景中，数据的生产者是温湿度传感器，数据的消费者为空调，两者都是"物"。

此外，从哲学的角度来看，物联网虽然结构形式各异，客观表象万种，但它的内涵始终离不开"物""联""网"这三个维度。

1. "物"的维度

天下万物，既有天然形成，也有人工制造而成，"天""人"合一称之为"物"，在明朝著名科学家宋应星的《天工开物》著作中就已经有了"物"既有"或假人力，或由天造"的说法。互联网或初期的物联网主要实现了人与人或人工物品与人工物品之间的连接，随着物联网技术的不断发展，物联网已经将世间万物都纳入到物联网这个技术空间中来了，人与物都只是物联网中的一个节点，是"天""人"合一的"物"联网。这是广义物联网的哲学本质，是实现技术社会智能化生活的根本。

2. "联"的维度

"物"与"物"、"物"与"人"之间需要彼此建立联系才能互动，而"天""人"之间的感应就称之为"联"，它包含了物联网技术的三个主要特征，即全面感知能力、可靠传输能力以及智能化处理能力。物联网通过各种感知设备在任何时间、任何地点来全面感知各种物体的信息，并将万物与人相联。"天""人"感应的物"联"网使得"人"与"物"之间的联系发生了新的变化，推动了人与自然之间关系的改善，也给人类社会生产方式、生活方式以及思维方式带了一场巨大的变革。

3. "网"的维度

虚拟世界与现实世界是两个不同的维度，但它们之间有着对应的关系，"天""人"的相通可以称之为"网"，它是纯粹的物理空间与数字化技术相结合而创造出来的，将无数的物与人置于其中，从而形成无所不在的"天罗地网"，成为人类生存的现实空间。传统的网络空间只是"虚拟的现实"或"现实的虚拟"，而物联网通过网络互联技术将虚拟空间拓展到了物理空间。

1.2 物联网的特征

物联网至少应该包含三个关键特征：各类感知终端实现全面感知能力；互联网、移动通信网等融合实现可靠传递能力；云计算、大数据、人工智能等技术对海量数据实现智能化处理能力。

1.2.1 全面感知能力

在物联网中,简单地把人与物互联起来意义并不大。但如果能够通过感知告诉人类这个物体的温度等信息,并且做到实时监测提醒就非常有用。如图1-4所示,全面感知能力就是利用传感器技术、RFID射频技术、条形码技术、生物识别技术、语音识别技术以及视频识别技术等随时随地获取物体的信息,包括物体属性及周边环境信息、位置信息、网络状态信息等。感知的最终目的就是要让人类更好地与"物"沟通,了解物体的相关信息并实现对物体的控制。

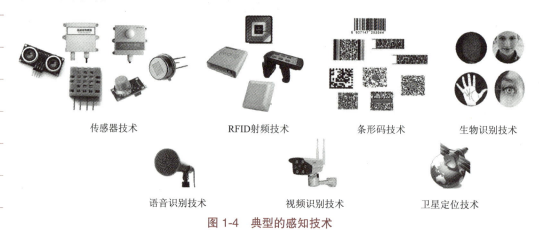

图1-4 典型的感知技术

1.2.2 可靠传递能力

物联网的可靠传递能力是指通过各种融合业务,将采集的物体信息实时、准确、安全地传递出去,对接收到的感知信息进行实时远程传递,实现信息的交互和共享并能有效处理。可靠传递需要通过现有的有线或无线网络来实现。如图1-5所示,短距离通信技术实现了感知设备的互联及数据的局部范围的传输,远距离通信技术则让这些数据能够传递到更远的地方,实现了广域范围的传输。

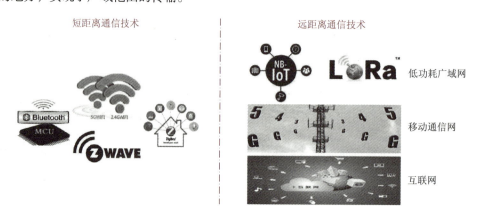

图1-5 典型的通信技术

1.2.3 智能化处理能力

面对采集获取的海量数据,物联网需要通过智能化分析和处理。智能化处理能力是指利用模糊识别、云计算、数据融合等各种智能计算技术,对随时接收到的海量数据信息进行分析处理,实现智能化的决策与控制,如图 1-6 所示。主要体现在物联网中从感知到传输,再到决策应用的信息流,并最终为控制提供支持,也广泛体现在物联网中大量的物体与物体之间的关联和互动。物体互动经过从物理空间到信息空间,再到物联网空间的过程,形成了感知、传输、决策和控制的开放式循环。

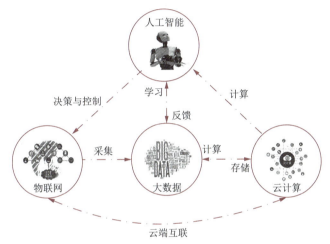

图 1-6 物联网智能化处理流程

1.2.4 其他特征

物联网除了上述三大关键特征外,还有具有异构性、混杂性和超大规模等特点。

(1)异构性主要表现在物联网是由不同制造商、不同拥有者、不同类型、不同级别、不同范畴对象网络构成的,这些网络之间在通信协议、信息属性以及应用特征等多方面都会存在差异性。

(2)混杂性主要表现在网络形态和组成的异构混杂性,多信息来源的并发混杂性,场景、服务以及应用的混杂性等。

(3)超大规模主要表现在物联网是物理世界与信息空间的深度融合系统,它是关系着全球的人、机、物的综合信息系统,规模非常大,因此,物联网也必定是一个分布式的系统,通过局部空间的高度动态自治管理才更有利于大规模扩展性的实现。

物联网的发展趋势

1.3 物联网发展历史、现状及趋势

1.3.1 物联网发展历史

"物联网"在整个发展过程中有几个标志性里程碑，见表1-1，这些标志性的事件影响着人类信息社会的发展。

表1-1 物联网发展史上的标志性事件

时　间	标志性事件
1999年	麻省理工学院研究中心Kevin Ashton研究RFID时提出"物联网"的概念
2003—2004年	物联网（IoT）一词第一次开始出现在书名上
2005年	国际电信联盟（ITU）在2005年发布物联网技术报告，正式提出"物联网"这个概念，并对物联网这个概念进行了定义：物联网是通过RFID和智能计算等技术实现全世界设备互联的网络
2006年	第一个欧洲物联网会议举行
2008年	物联网诞生，美国国家情报委员会将物联网列为"六项颠覆性民用技术"其中之一
2009年	IBM首席执行官彭明盛首次提出了"智慧地球"这一概念，时任国务院总理温家宝在无锡视察时发表重要讲话，提出"感知中国"战略构想
2011年	IPv6公开推出
2013年	发布Google眼镜，是一种增强现实技术的眼镜
2014年	苹果公司宣布，Health Kit和Home Kit两个健康与家庭自动化的发展。苹果公司提出iBeacon，它是一个可以发展环境和地理定位服务的广播设备
2015年	亚马逊推出物联网应用平台AWS IoT
2016年	物联网标准NB-IoT（窄带蜂窝物联网）正式获得国际组织3GPP批准
2017年	IBM正式启动全新Watson物联网总部，成立业内首个认知联合实验室
2018年	提出AIoT概念，将人工智能AI技术与物联网IoT技术融合
2020年	NB-IoT被国际电信联盟正式纳入全球5G技术标准
2021年	LoRa WAN被国际电联正式认可为全球物联网标准
2022年	国际电工委员会（IEC）正式发布由我国牵头组织制定的《面向工业自动化应用的工业互联网系统功能架构》
2023年	华为鸿蒙4（Harmony OS 4）操作系统正式发布
2024年	基于IEEE 802.11be技术的Wi-Fi CERTIFIED 7发布

1.3.2 物联网发展现状

物联网已被各国政府视为拉动经济复苏的重要动力。历史经验表明，每次全球经济复苏都会伴随一些新兴技术及产业的革命，很多国家都将物联网视为拉动经济复苏的源动力之一。物联网给不同行业带来深刻变革：在农业领域，提高农业智能化和精准化水平；在物流领域，支持多式联运，构建智能高效的物流体系；在污染源监控和生态环境监测等领域，提高污染治理和环境保护水平；在医疗领域，积极推动远程医疗，应用于药品流通、病患看护、电子病历管理等。同时，物联网产生的海量数据的价值发掘将继续推动物联网发展，促使生活和社会管理朝着智能化、精准化方向转变。

当前，全球物联网仍保持着高速增长，物联网领域仍具备着巨大的发展空间，其热点区域主要是欧洲、美国和亚太地区，每个国家或地区对物联网的发展重点也各有侧重，如：美国物联网重点聚焦于以工业互联网为基础的先进制造体系构建；欧盟组建物联网创新平台，在物联网领域投入众多资金；韩国选择以人工智能、智慧城市、虚拟现实等九大国家创新项目作为发掘新经济增长动力和提升国民生活质量的新引擎；中国则将物联网作为战略性新兴产业上升为国家发展重点。

随着5G移动通信技术的成熟与深入应用，它也正推动着物联网的快速发展。据GSMA（全球移动通信系统协会）发布的《2024年移动经济报告》显示，到2029年，5G将占全球总移动连接的一半以上（51%），并在2030年达到56%，预计全球范围内授权频谱蜂窝物联网连接数量到2030年将达到58亿，2023年这一数字为35亿（复合年增长率为8%）。

随着我国智慧城市、工业互联网等建设的提速，物联网技术在各个垂直行业中的应用也在不断普及，智慧城市、智慧工业、智慧医疗、车联网等领域也将最有可能成为物联网产业连接数增长最快的领域。

1.3.3 物联网发展趋势

如今，物联网已经逐渐渗透到各行各业，也给各个行业带来了新的业态变化，改变了工业生产方式和人们的生活方式。随着5G、人工智能、云计算、大数据等新一代信息技术的不断成熟和发展，物联网技术在未来也将迎来新的发展。

随着人工智能（AI）技术的不断成熟，其与物联网应用的结合也越来紧密，智能物联网（AIoT）这个概念在2018年的时候开始兴起，它是指通过各种信息传感器实时采集各类信息，在终端设备、边缘域或云中心通过机器学习对数据进行智能化分析与处理，如果没有AI技术，那么海量的物联网数据将难以解释，而通过AI技术就可以协助物联网进行数据分析、数据发现、流数据可视化、预测分析、更高的时间序列准确性以及实时定位，以提高物流效率。因此，在物联网的未来，AIoT也必将是物联网发展的一个重要方向，感知智能化、分析智能化以及控制和执行智能化将是它的三个主要环节，其中感知的智能化让边缘计算更多地应用于物联网，该技术让信息处理过程更接近传感器。它与云端集中处理相比，可以减少处理的延迟，也能够节省带宽并帮助人类决策者迅速采取行动。

5G通信技术的发展也让更多的设备能够接入互联网实现万物互联，也能让设备之间更多、更快地传递信息。

随着物联网应用的不断深入，越来越多的设备将接入到物联网连接管理平台，也有更多的设备将连接到互联网，因此，设备和网络都将成为黑客攻击的目标，它的安全性也将变得越来越重要，而区块链技术将是提升物联网安全性的关键技术之一，它是一项去中心化的技术，因此，单点的故障不会导致整个系统的崩溃，而且区块链还可以保留交易的永久记录。

1.4 物联网的主要应用领域

1.4.1 家居生活领域

物联网的主要应用领域

随着物联网技术在人们家居生活中的应用不断深入，越来越多的智能化设备出现在日常生活中，人们的生活方式也因此发生着改变，越来越多的家庭开始喜欢智能化的家居生活环境，因为它能给我们一个温馨、轻松且安全的生活环境，也能在一定程度上满足我们对美好生活的向往。

智能家居（smart home）就是物联网技术在家居生活中的应用，它以家庭住宅为平台，利用综合布线技术、网络通信技术、自动控制技术、音视频技术以及网络安全技术等将家居生活相关的设施进行集成的一个综合性物联网应用系统，能够让用户更方便地管理家居生活相关设备，例如通过平板电脑、智能手机、遥控器等通过互联网来控制家居生活设备，也可以让各种智能家居设备相互通信，无须用户操作即可根据不同的状态进行互动运行，从而提升家居生活的便利性、高效性、安全性和舒适性，同时还能实现节能环保的功能。

智能家居的智能化程度越高，其组成也将越复杂，一般情况下，智能家居主要包括网络接入系统、智能照明系统、防盗报警系统、消防报警系统、门禁系统、燃气泄露探测系统、远程抄表系统（水表、电表、燃气表）、影音娱乐系统等。

典型的智能家居场景如图1-7所示。根据智能家居不同起居场景的功能需求，会选择不同类型的传感器和设备，其中人体传感器、温湿度传感器、烟雾探测报警器、可燃气体传感器、360°红外转发器、水浸传感器、空气质量探测器、门窗（门磁）传感器等主要用于监测家居环境中的环境信息及是否有人体活动信息；智能开关、智能插座、调光开关、窗帘开关主要是执行家居设备的开关操作；智能网关是各类不同感知设备和执行器设备信息汇聚的核心节点，手机App或语音控制设备可以通过智能网关来管理不同的家居设备。

第 1 章 物联网的概念及应用领域

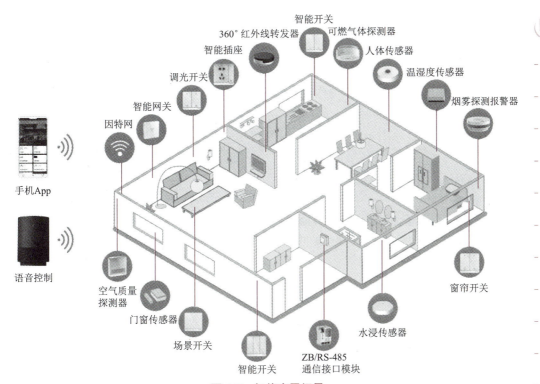

图 1-7 智能家居场景

1.4.2 农业生产领域

2020 年 12 月 28 日,习近平同志在中央农村工作会议上的讲话指出:"从世界百年未有之大变局看,稳住农业基本盘、守好'三农'基础是应变局、开新局的'压舱石'。"粮食是生活之本,手中有粮,才能做到心中不慌。当前,虽然我国已经在各个方面都取得了举世瞩目的成就,人们的生活已经达到小康水平,幸福指数很高,但农业依然是作为我国重要的产业之一,也是保障人们幸福生活的重要基础。

我们知道,大自然对农业生产有着非常大的影响,罗马时代的政治家瓦罗曾说过:"农业的要素也就是构成宇宙的要素:水、土、空气和阳光。"因此,及时掌握这些农业生产要素的信息,有利于农业生产的健康运行。古时候人们往往通过经验来判断这些要素对农业生产的影响,但准确性无法保证,因此,农业生产效率相对低下。随着物联网技术的出现并应用于农业生产,我们可以借助传感器来及时、动态、准确地掌握这些生产要素信息,掌握农业生产的主动性,提高农业生产效率。

同时,进一步将物联网、人工智能、大数据等新一代信息技术与传统农业深度融合,农业生产可以全过程信息感知、精准管理和智能控制,实现农业生产的智慧化,完成传统农业到智慧农业的转变。

根据应用需求的不同,智慧农业有着较多不同的应用场景,如智慧农业、智慧大棚、智慧畜牧养殖、智慧水产养殖、土壤墒情监测等。图 1-8 所示为智慧大棚系统的应用场景,其主要对空气温度、空气湿度、土壤湿度、土壤水分、光照强度、CO_2浓度等农作物生长环境信息进行监测，同时，可以通过相关执行器（继电器）设备远程控制遮阳、通风、喷淋、水帘等设备的开关，也可以进行设备的自动化控制。

图1-8 智慧大棚系统应用场景

1.4.3 工业控制领域

自动化一直以来都是工业发展的核心，也是未来工业控制领域发展的主要方向，将5G、物联网技术、云计算、人工智能等技术融入到工业控制领域，工业智能化的趋势会越发明显。

在工业互联网和数字化转型的浪潮下，工业领域也在经历着一场颠覆性的变革，工业体系和互联网将进行深度融合，得益于机器学习、增强现实及工业物联网等技术的发展，工业控制领域将迎来数字化转型和智能化改造（"智改数转"），促进生产效率的进一步提升。

工业物联网（industry Internet of things，IIoT）将现代工业工程与传感器、执行器等智能设备相结合以增强制造和工业流程的智能化。图1-9所示为工业物联网的基本架构，OT（operation technology，运营技术）层是将工业生产中的设备、原材料、生产环境信息以及生产控制系统通过工业物联网网关接入到IT（information technology，信息技术）层并通过工业自动化标准OPC UA和MQTT协议将采集的数据上传到工业云平台。

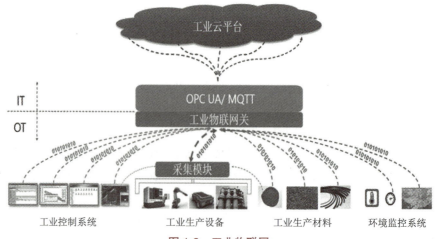

图1-9 工业物联网

1.4.4 智慧城市领域

在2008年IBM公司提出了"智慧地球"这个概念之后，智慧城市（smart city）的发展理念也快速得到了全世界的认同。2009年美国迪比克市与IBM公司共同宣布建设美国第一个智慧城市。我国在2013年也设立了第一批智慧城市的试点，2016年，在我国"十三五"规划的开局之年，住房和城乡建设部启动了新型智慧城市的建设规划，如今，在数字化浪潮下，物联网、云计算、人工智能、大数据以及5G等新一代信息技术不断地融入到现代化城市的建设中。我国在"十四五"规划和2035年远景目标纲要中都明确提出了要强化国家战略科技力量，建设智慧城市和数字乡村，分级分类推进新型智慧城市建设。

智慧城市是城市数字化向更高层次的发展，它的核心是体现以人为本、智能运行的理念，利用物联网、云计算等新一代信息技术来全面感知城市的运行状态，并充分挖掘整合城市运行核心系统的关键信息，从而对包括民生、公共安全、环境保护、城市服务、工商业活动在内的各种需求做出快速且智能化的响应。

当前，新技术的变革给智慧城市带来了新的内容，它主要的应用领域涉及人们工作和生活的方方面面，如图1-10所示。

图1-10 智慧城市应用领域

1.4.5 智慧医疗领域

智慧医疗主要通过打造健康档案区域医疗信息平台，利用先进的物联网技术，实现患者与医务人员、医疗机构、医疗设备之间的互动,逐步达到信息化,其中,患者的相关信息是基础数据。医护工作人员通过各项医疗器械、设备可以了解患者的身体状况并得出诊断信息,同时可以在同部门、跨部门、跨医疗机构、跨地区等情况下对这些基础信息进行沟通、交流。对患者的诊断信息基于两个关键环节,即医务人员及医疗器械设备。总体来看,智慧医疗平台系统可以包括智慧医院系统、区域卫生系统,以及家庭健康系统。

如图1-11所示为一个智慧医院系统的典型架构,其中包含了对患者病情监测的婴儿腕带、智能腕带等,对医院环境监测的环境检测仪、能效检测终端等,对医疗器械进行智能管理的物联网资产标签,对患者病历信息进行查询的医用PDA,患者求助用的无线报警求助按钮、输液监护仪,对智慧医院运行信息进行显示的护士站综合大屏以及床旁交互大屏等。

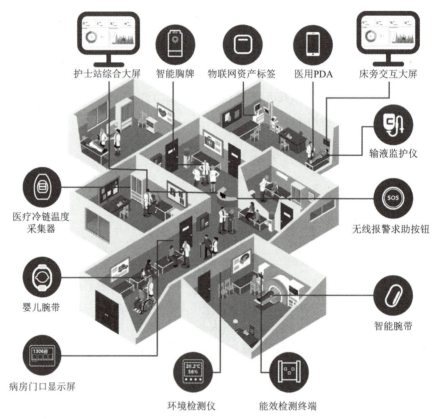

图1-11 智慧医院系统典型架构图

1.5 物联网与其他技术的融合

1.5.1 物联网与5G通信技术

5G通信技术即第五代移动通信技术,其数据传输速率最高可以达到10 Gbit/s,比4G快

10倍以上；连接数量密度也更高，可达100万连接数/km^2，是4G的10倍；空口时延也更低，最低可至1 ms，是4G的1/5。5G的应用场景不仅关注人与人，也关注人与物、物与物的联接，它的三个主要用例就是增强型移动宽带、低功耗大连接场景；低时延高可靠场景，其中，低功耗大连接与低时延高可靠场景两项指标是物联网业务的核心要求，也是5G拓展物联网的核心场景。

从物联网的底层通信技术来说，"连接"是物联网的基石，5G通信技术为物联网解决了高速率、大容量、广覆盖等应用场景的需求，因此，可以说5G通信网络是为物联网而诞生的一张网络，它以下几个方面的优势将推动物联网技术的发展：

（1）传输速率优势。借助5G通信技术的高速率、大容量以及低时延的优势，可以在最大限度上满足物联网对数据信息的传输需求，从而保证物联网能够得到全面和更深层次的应用。特别是在智能化的时代浪潮下，数据传输速率对物联网的发展有着重要的作用。

（2）安全优势。物联网实现了物物相连，使得人们在日常工作和生活中的各个部分得到了有效的互连，这对网络安全也有了更高的要求。5G通信技术具备较完善的安全防护机制，能为物联网的发展提供良好的安全保障。

（3）便捷优势。随着5G通信技术在物联网应用领域中的不断应用与推广，物联网技术也延伸到了更多的应用领域，也更便于对传统的建筑环境进行基于物联网的智能化改造，同时，5G通信技术所衍生的智能设备数量与类型也会大幅增加，从而为物联网的应用提供了良好的发展基础，使得物联网的应用变得更加普遍与便捷。

1.5.2 物联网与大数据技术

大数据技术是物联网的关键技术之一，物联网是大数据的重要来源，而大数据为物联网的数据分析提供了有力的支撑。因此，两种技术既相对独立，又彼此关联。

物联网中的感知设备不断采集大量的数据，随着物联网规模的扩大、连接设备数量的增多，其数据的产生量也在不断上升，因此物联网将面临海量的数据需要进行分析和处理，从而形成有价值的信息。而这些海量的数据不是通过简单地分析处理就可以完成，而是需要对数据进行清洗、挖掘、分析和处理，这就是大数据技术所要完成的工作任务，目的是能够从海量的数据当中得到有价值的信息。

物联网与大数据之间的关系可以表现为以下三个方面：

（1）物联网是大数据的重要基础。目前，物联网、Web系统以及传统的信息系统是大数据的三个主要来源，其中，物联网是大数据的主要数据来源，可以说没有物联网就没有大数据。

（2）大数据是物联网体系的重要组成部分。数据的分析处理是物联网体系结构中应用层的主要功能，大数据分析是大数据完成数据价值化的重要手段之一。

（3）物联网平台的发展将进一步整合大数据和人工智能。在未来，物联网平台将进一步整合大数据和人工智能，物联网未来的发展必然是数据化和智能化。

1.5.3 物联网与人工智能技术

物联网的发展目标是实现万物智联,即物联网不仅仅是要实现万物互联,还要让"物"变得智能,并为人类提供更智能化的服务,因此,我们还需要赋予物联网一个"大脑",这样才能实现真正的万物智联,从而发挥物联网和人工智能更大的价值。

智能物联网(AIoT,AI+IoT)概念的提出,也是人工智能技术与物联网在实际应用中的落地融合。随着物联网和人工智能技术的日益成熟,越来越多的企业将AIoT作为其主要的发展方向。AIoT是指系统通过各种信息传感器实时采集各类信息(一般是在监控、互动、连接情境下的),在终端设备、边缘域或云中心通过机器学习对数据进行智能化分析,包括定位、比对、预测、调度等。

在技术层面,人工智能使物联网获取感知与识别能力,物联网则为人工智能提供训练算法的数据;在商业层面,物联网和人工智能都作用于实体经济,能够促使产业升级、体验优化。此外,从具体类型来看,主要有以下三种类型:

(1)具备感知、交互能力的智能联网设备。
(2)通过机器学习手段进行设备资产管理。
(3)拥有联网设备和AI能力的系统性解决方案。

从协同环节来看,两者主要解决以下几个问题:

(1)感知智能化。
(2)分析智能化。
(3)控制、执行智能化等。

习 题

一、选择题

1. 首次提出了"智慧地球"这一概念的是( )。
   A. 奥巴马   B. 彭明盛   C. 温家宝   D. 比尔·盖茨
2. RFID射频技术属于物联网体系结构中的哪一层?( )
   A. 感知层   B. 网络层   C. 业务层   D. 应用层
3. 利用模糊识别、云计算等各种智能计算技术,对随时接收到的海量数据信息进行分析处理,指的是( )。
   A. 全面感知   B. 可靠传递   C. 智能化处理   D. 全面互联
4. 下面( )不是物联网体系结构中的层次。
   A. 物理层   B. 网络层   C. 感知层   D. 应用层
5. ( )为物联网解决了高速率、大容量、广覆盖等应用场景的需求。

A. 5G通信技术　　B. 大数据技术　　C. 人工智能技术　　D. 宽带技术
6. 第三次信息化浪潮的发生标志是（　　）技术的普及。
   A. 物联网、云计算和大数据　　　B. CPU
   C. 个人计算机　　　　　　　　　D. 互联网
7. 以下（　　）技术不属于感知层的技术。
   A. 传感器技术　　　　　　　　　B. RFID射频技术
   C. 条形码技术和生物识别技术　　D. LoRa技术

二、填空题

1. 物联网的三个关键特征是：＿＿＿＿＿、＿＿＿＿＿、＿＿＿＿＿。
2. 无线传感器网络（wireless sensor networks）是一种通过无线通信技术将部署在监测区域内的大量传感器通过＿＿＿＿＿的方式组建成的一种网络。
3. NB-IoT的英文全称是＿＿＿＿＿，中文含义是＿＿＿＿＿。
4. 全球信息化发展经历了＿＿＿＿＿、＿＿＿＿＿和＿＿＿＿＿的三个阶段。
5. AIoT是指＿＿＿＿＿和＿＿＿＿＿技术的结合。
6. 借助5G通信技术的＿＿＿＿＿、大容量以及＿＿＿＿＿的优势，可以在最大限度上满足物联网对数据信息的传输需求。

三、判断题

1. 物联网的概念最早是由麻省理工学院（MIT）研究中心（Auto-ID Labs）在1999年研究RFID时提出的。（　　）
2. 物联网采用各种不同的技术把物理世界的各种智能物体、传感器接入网络，解决广域或大范围的人与物、物与物之间信息交换需求的联网问题。（　　）
3. 联合国国际电信联盟（ITU）在2006年发布名为 The Internet of Things 的技术报告。（　　）
4. 国际电信联盟（ITU）是物联网的国际标准化组织。（　　）

四、简答题

1. 简述物联网的全面感知能力。
2. 简述组建智能家居系统的主要技术。
3. 简述5G通信技术对推动物联网技术发展的优势。

第2章 物联网的体系结构

物联网是一个异构的且非常复杂的网络系统,它所涉及的知识体系非常广泛,主要包括通信技术、传感技术、计算机技术、云计算技术、大数据技术等,虽然目前对于物联网的整个体系结构仍没有一个明确的定义,但是在业界基本都认为物联网的体系结构可以分为三个层次,分别为感知层、网络层和应用层。

物联网的体系结构其实就是物联网的一个逻辑框架,它定义了物联网的主要功能以及相关协议,学习物联网,首先就需要了解物联网体系结构,熟悉其各个层次的功能及其在物联网中的主要作用,这将有助于我们更好地了解物联网并掌握物联网的工作原理,也能为更好地将物联网技术应用于各个行业奠定理论基础。

学习目标

知识目标

(1)了解物联网的体系结构;(2)熟悉感知层的功能及相关技术;
(3)熟悉网络层的功能及相关技术;(4)熟悉应用层的功能及相关技术。

能力目标

(1)能说出物联网体系结构分层的目的和好处;(2)能解释感知层技术在物联网中的主要作用;(3)能解释网络层技术在物联网中的主要作用;
(4)能解释应用层技术在物联网中的主要作用。

素质目标

(1)具备"四个自信"的意识;(2)具备团队合作意识;(3)具备遵循规范的意识。

2.1 物联网体系结构概述

物联网是一个基于互联网、传统电信网等信息承载体,让所有能够被独立寻址的普通物理对象实现互联互通从而提供智慧服务的网络。概念中强调三个要点:普通对象设备化、自治终端互联化、普适服务智能化。

在本章将对物联网体系结构做详细介绍,让大家了解层次模型及其三个层次,同时熟悉每个层次的功能以及该层在物联网中具体发挥的作用。物联网体系结构如图2-1所示。

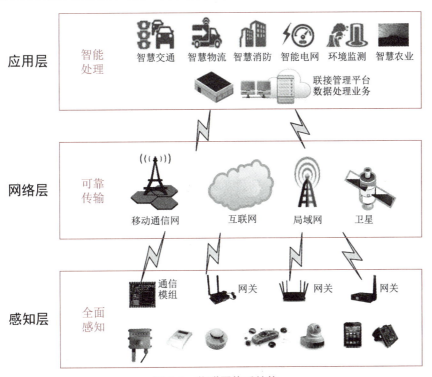

图 2-1 物联网体系结构

在上述物联网体系结构中:

(1)感知层:它好比是物联网的皮肤和五官,作用就像人的视觉、触觉、味觉、听觉一样,是物联网的核心,主要功能是识别物体、数据采集与感知,涉及传感器、RFID射频、定位、音视频识别等技术。感知层由各种传感器网关和传感器构成,包括:温度传感器及二氧化碳浓度等各类传感器、条形码及RFID标签和读写器等自动识别设备、麦克风及摄像头等音视频采集设备、GPS及导航等定位设备,它们负责全面感知物理世界中的信息,进行数据采集。

(2)网络层:它好比是物联网的神经,相当于人的大脑和神经中枢,主要负责传递和处理感知层获取的信息。主要功能是把感知层获取到的信息可靠、安全地进行传送。网络层主要的功能就是实现信息的传递、路由与控制,该层主要包含移动通信网、互联网、局域网以及卫星等通信技术。

（3）应用层：它好比是物联网的大脑，主要功能是支撑不同行业、不同应用及不同系统之间的信息协同共享，以及各种行业应用服务。应用层把感知层收集及网络层传递的资料接收过来，再经过一系列的数据处理与技术分析，从而对整体结构系统进行控制与判定，进而推动企业物联网的发展。对于物联网的应用层来讲，可划分成行业应用及联接管理平台两部分内容，其中，联接管理平台可以让不同类型的设备接入，能够对来自异构网络的数据进行分类、处理、管理等，为具体的行业应用提供统一的调用接口，降低上层应用的开发难度，目前我国比较成熟的联接管理平台有中国移动的OneNET、华为的OceanConnect等，也有较多的物联网企业开发了自己的物联网联接管理平台。行业应用主要为具体的行业提供数据的智能化处理、设备的智能化控制以及业务的智能化管理等服务，典型的行业包括智能家居、智慧交通、智慧农业、智慧消防、智慧物流、智能电网、环境监测等。

2.2 感知层在物联网中的作用

感知层在物联网中的作用

感知层是物联网的基石，如果没有感知层这块基石，那么物联网也就无从谈起了。它可以为我们在物理世界和信息世界之间建立起一座沟通的桥梁。通过感知层中的感知设备（或感知节点），我们可以更好地识别和感知物品的状态和信息，了解外部环境信息。

2.2.1 感知层在物联网中的重要性

感知层处于物联网的底层，它是智能设备（物）与感知网络的一个集合体，在物体上加上电子标签或各种传感器，可以让它组成感知网络，通过电子标签可以赋予物体在感知网络中的身份，通过各种传感器可以获取物体本身或所处环境的状态信息，此外，还可以结合相关的执行器设备来实现人与物之间的交互。

感知节点是物联网感知层的重要基础单元，其特性可以影响到整个物联网，这也决定了感知层在物联网中的重要性。具体可以从以下几个方面来进行说明：

1. 关联着物联网的生命周期

物联网的生命周期与感知层中的感知节点的生命周期紧密关联着，如果感知节点生命周期结束了，那么物联网对应感知世界的触手也就没了，影响感知节点生命周期一般有两个方面：其一是能源供给，感知能力的存在需要能源的供给，因此，在一些能源无法固定供给的场所，低功耗能源的设计就需要考虑；其二是电子元器件的老化也决定了其寿命的长度。另外，感知节点的单位价格也决定了物联网的规模大小或普及范围。所以，感知节点的设计一般要求结构简单、体积更小，这样才能降低物联网架设的成本。

2. 决定了物联网的应用价值

物联网的各个行业应用的原始数据都来源于感知层中感知节点采集的数据，如果没有这些来自感知层的数据，那么应用层再强大的功能也无法实现，也就是"巧妇难为无米之炊"。另外，底层数据采集的质量也决定了物联网应用层的最终的决策结果，因为智能化的决策需要在大量有价值的数据采样和深度挖掘基础上才能实现。

3. 影响着物联网的覆盖范围

物联网的覆盖范围或规模大小也受到传感器节点布设范围的影响，如果要让物联网对某个区域进行全方位的感知，那么，在这个区域中，需要根据每个传感器的覆盖能力来制订传感节点的布设方案，如果某个范围未能覆盖，则物联网也将失去对该范围的感知能力。

4. 关系着物联网的安全

物联网的感知层采集了物理世界中的海量数据，这些数据可以涉及很多行业，有不少数据的安全性都是非常重要的，如军事相关信息、涉及民生的重要信息以及个人的隐私信息等，因此，如果对物联网感知层不做好安全防护的话，这些数据信息很容易被不法分子利用，从而对整个物联网系统带来安全隐患，甚至会导致国家信息的泄露。所以，感知层安全关系着物联网的安全，建设物联网，需要充分考虑物联网感知层的安全。

2.2.2 感知层的功能描述

感知层处于物联网三层架构中的底层，其主要功能一般包括感知终端的数据采集以及数据传输两部分，其工作流程一般先通过传感器、RFID、GPS、摄像头等感知设备获取物理世界的数据，然后再通过蓝牙、ZigBee、工业现场总线、红外线等通信技术进行协同工作或将数据传送至物联网网关、云平台。

1. 感知层的主要关键技术

感知层是对底层设备的数据采集和传输功能的实现来进行功能定义的层次，其的关键技术主要有三类：

（1）标识技术：标识技术是将物体接入网络的关键技术，它让物体在网络中具有可实别的身份。常见的标识技术有一维条形码、二维条形码、RFID标签、语音、生物特征等，给物体贴上这些标签，然后通过红外、激光扫描、RFID射频识别等技术来识别标签中存储的物体信息。目前该技术在物流、商品零售等领域有着广泛的应用。

（2）传感技术：传感技术是物联网采集数据的基础，也是物联网数据产生的源头之一。传感技术中的关键设备就是传感器，它也是物联网的关键器件，物联网的感知能力与传感器的种类有着密切的关系，我们可以根据不同的应用场景及其对数据采集的需求来选择不同种类的传感器，从而实现不同类型数据的采集任务。

（3）视频技术：视频技术可看作是非接触式的传感技术，在当前物联网中也有着广泛的应用，它可以从大量的视频中提取关键信息和有价值的信息，为物联网的感知能力提供了重要的补充，特别是随着5G、人工智能、边缘计算等技术与物联网结合的深入，视频技术在物联网中的重要性也越来越突出，目前该技术已经在智能交通、城市安全、车联网、智能安防、安全生产等众多领域进行应用。

2. 感知层的相关硬件接口与通信协议

（1）RS-232接口：该接口是电子工业协会（EIA）制定的全双工点对点式的异步串行通信协议接口，该接口被广泛用于串行接口外设的连接，通信距离一般在25 m以内。RS-232接口的电气特性是：+3V～+15V为逻辑"0"，-3V～-15V为逻辑"1"，其DB-9接口的引脚及功能如图2-2所示。

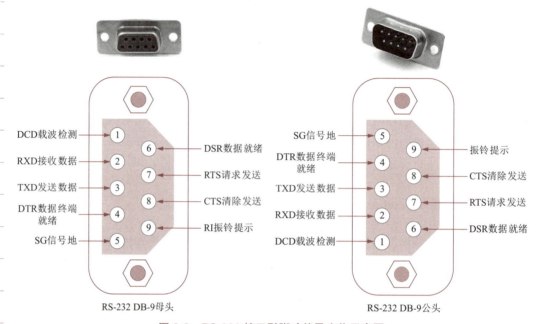

图 2-2　RS-232 接口引脚功能及实物示意图

（2）RS-485接口：该接口也是一种串行通信接口标准，采用差分方式传输，半双工通信模式，它有两线制和四线制两种接线方式，其中四线制只能实现点对点的通信方式，所以目前两线制（即AB线）接线方式用得较多，且这种接线方式是总线式拓扑结构，在同一总线上，最多可以挂接32个节点，其硬件连接如图2-3所示。RS-485转换器中，T+(A)引脚与RS-485设备的A口连接，T-(B)引脚与RS-485设备的B连接，GND引脚一般无须连接，如要接的话，也可以接地。此外，RS-485接口的电气特性是：两线的压差为-2 V～-6 V表示逻辑"0"；两线的压差为+2 V～+6 V表示逻辑"1"，该电平也与TTL电平兼容，方便与TTL电路相连。

知识拓展：更多RS-485通信技术的资料请扫描二维码获取。

（3）UART（universal asynchronous receiver/transmitter，通用异步收发器）/ USART（universal synchronous/asynchronous receiver/transmitter，通用同步/异步收发器）接口：目前比较常用的接口是UART，USART性能优于UART，但它的功耗会更高，同时还需额外的时钟线，所以，UART的使用更为方便一些。UART属于点对点的串行接口，它主要有发送（TXD）和接收（RXD）两条线缆。在实际使用中，如果微处理器（MCU）与某个外设通过UART连接时，则MCU的RXD引脚需与该外设的TXD引脚相连，MCU的TXD

引脚需与该外设的RXD引脚相连，如图2-4所示。UART接口一般有4个pin引脚，分别是"VCC（电源）""GND（接地）""RXD""TXD"，如图2-5所示。采用TTL电平，低电平为"0"（即0V），高电平为"1"（即+3.3 V或+5 V）。

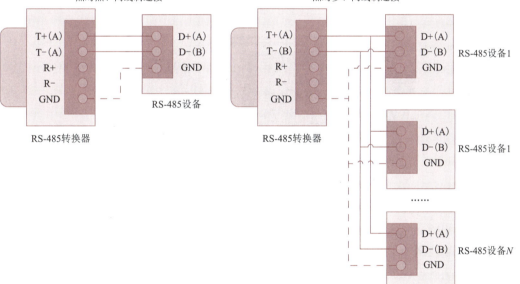

图 2-3　RS-485 设备连接示意图

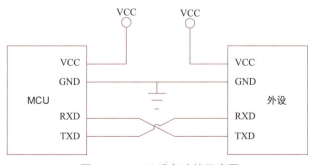

图 2-4　UART 设备连接示意图

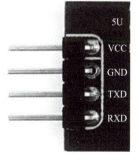

图 2-5　UART 接口实物图

（4）IIC/I²C（inter-integrated circuit，内部集成电路）总线接口：该接口由Philips公司于20世纪80年代开发的，是一种串行双向二进制同步串行总线，它只需要两根线缆就可以在总线上完成设备之间的信息传送，传输速率从最早的 100 kbit/s 已经扩展到 400 kbit/s，目前最高的传输速率已经可以达到 1 Mbit/s 以上。I^2C 总线定义了数据线（SDA）和时钟线（SCL）两条串行线，且该总线基本是主从结构，如图 2-6 所示。Arduino UNO 开发板的 I^2C 总线的连接示意图如图 2-7 所示。

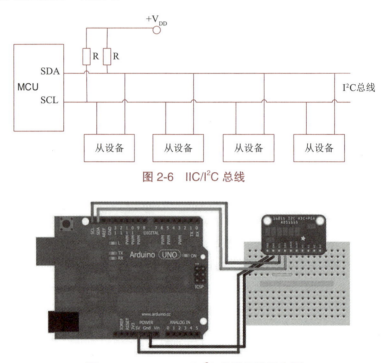

图 2-6　IIC/I^2C 总线

图 2-7　Arduino UNO I^2C 总线连接示意图

（5）USB（universal serial bus，通用串行总线）接口：USB 是一个外部总线标准，用于规范计算机与外部设备的连接和通信，通常应用于 PC 领域。目前，USB 接口规范有 V1.0（1.5 Mbit/s）、1.1（12 Mbit/s）、2.0（480 Mbit/s）、3.0（5 Gbit/s）、3.1（10 Gbit/s）等标准，对不同的接口的识别可以通过接口旁边的标志来判断，如带"SS（SuperSpeed）"标识的为 USB 3.0 接口，带闪电标识的表示该接口支持关机充电和快速充电功能。接口的类型还分为 Type A、Type B、Type C 等，如图 2-8 所示。其中 Type A 和 B 接口的 USB 3.0 规范，虽然速度比 USB 1.0 和 2.0 增加了，但是它也在原先的 4 引脚的基础上新增了 5 个引脚。Type C 接口是 2014 年推出的一个新的类型接口，该接口共有 24 个引脚，可以提供 4 Gbit/s 的传输带宽，还能提供 20 V-5 A 供给 100 W 的充电功率，它用于当前很多智能终端设备，如智能手机上。

（6）SPI（serial peripheral interface，串行外设接口）接口：该接口是一种高速、全双工、同步的通信总线，且在芯片的引脚上只占用 4 根线，能够节省 PCB 板的布局空间，所以现在较多的芯片集成了这种通信接口协议。SPI 通信采用主从方式，通常有一个主设备和一个或多个从设备，通信的 4 根线分别是：主设备数据输入（master input slave output，MISO）、主设备数据输出（master output slave input，MOSI）、时钟（serial clock，SCK）、片选（chip select，CS），如图 2-9 所示为适用于 Arduino 单片机扩展存储器 SD 模块读写的

SPI接口插座。该接口主要应用于FLASH、EEPROM、A/D转换器、实时时钟,以及数字信号处理器和数字信号解码器之间。

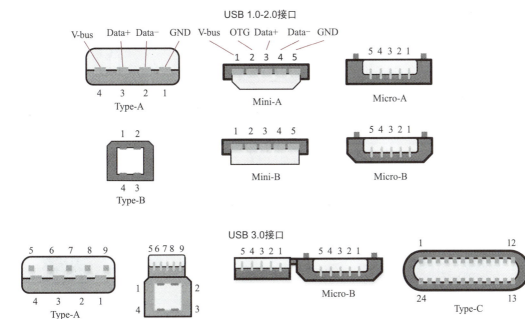

图2-8　USB接口示意图

(7) QSPI (queued SPI,队列串行外设)接口:该接口是SPI接口的扩展,比SPI应用更加广泛。QSPI是在SPI协议的基础上,对其增加了队列传输机制,传输过程不需要CPU干预,极大的提高了传输效率。

(8) CAN (controller area network,控制器局域网络)接口:CAN总线是BOSCH公司发明的一种基于消息广播模式的串行通信总线,最初它主要

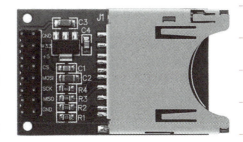

图2-9　SPI接口

用于实现汽车内ECU(电子控制单元,也称为"行车电脑")之间可靠的通信。CAN总线拓扑连接示意图如图2-10所示。后来因为其简单、实用、可靠等特点,逐渐应用于工业自动化、船舶、医疗等领域,成为一种应用广泛的现场总线接口。该总线是一种多主控(multimaster)的总线系统,在总线控制器的协调下实现节点A到节点B的大量数据传输,因为它的信息是广播式传输,所以在同一时刻总线上所有节点侦测的数据是一致的,所以该总线接口比较适合传输诸如控制、温度、转速等消息。图2-11所示为CAN总线-以太网转换器。

(9) RJ-45 (Registered Jack,注册的插座)接口:RJ-45接口是目前在计算机网络设备上常用的通信接口之一,也有很多物联网设备会通过此接口接入互联网,如基于IP地址的摄像头、DTU或RTU等物联网设备。RJ-45连接器由插头和插座组成,RJ-45插头又称水晶头,RJ-45插座是标准8位模块化接口的统称,如图2-12所示,这两个元件连接在导线之间,

以实现导线的电气连续性。

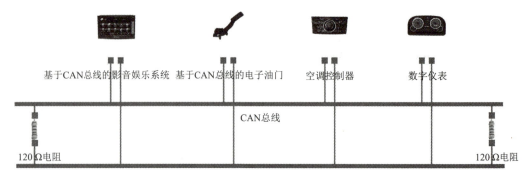

图 2-10 CAN 总线拓扑连接示意图

图 2-11 CAN 总线 – 以太网转换器

图 2-12 RJ-45 插座

注：DTU（data transfer unit，数据传输单元），是专门用于将串口数据转换为IP数据或将IP数据转换为串口数据，通过无线通信网络进行传送的无线终端设备。RTU（remote terminal unit，远程终端控制单元），主要负责对现场信号、工业设备的监测和控制。

RJ-45插头（水晶头）有两种国际标准接法，分别是568A和568B标准，两个标准有着不同颜色的线序，在连接时，水晶头的铜片向上，从左到右接入，如图2-13所示。RJ-45插头引脚线序及功能如表2-1所示。

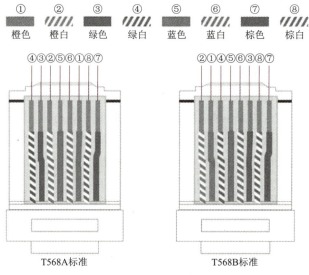

图 2-13 RJ-45 插头标准接法

表 2-1　RJ-45 插头引脚线序及功能

引脚/颜色	1	2	3	4	5	6	7	8
568A 标准	绿白	绿	橙白	蓝	蓝白	橙	棕白	棕
568B 标准	橙白	橙	绿白	蓝	蓝白	绿	棕白	棕
引脚功能	TX+	TX-	RX+	N/A	N/A	RX-	N/A	N/A

注：TX 表示传输，RX 表示接收，+/- 表示正负极。引脚（PIN）4、5、7、8 为 N/A 表示未使用。

2.3　网络层在物联网中的作用

网络层可以看作是物联网的神经系统，主要负责物联网中数据的传输任务，它将感知层中的物联网终端设备所采集的数据上传到数据服务平台并通过服务平台获取数据的传输通道，有了网络层的支持，物联网的覆盖范围就可以更广，物与物的连接也更加灵活。

2.3.1　网络层在物联网中的重要性

网络层在物联网体系结构中也起着非常重要的作用，它主要负责物联网海量数据的可靠传输与存储工作。网络层在物联网中的重要性主要体现在以下几个方面：

1. 网络层是物联网通信的基础

网络层承担了物联网中海量数据的传输任务，通过它才能将感知层的终端设备采集的数据传输到应用层的应用服务进行分析处理，否则底层设备和上层应用无法便捷的关联，物联网的数据就得不到应用层的及时处理，其应用价值也就会失去意义。

2. 物联网的应用场景和规模大小是网络通信技术的选择依据

物联网需要根据其不同的应用场景来选择对应的网络通信技术，如通信距离短、覆盖范围小的本地物联网应用只需要采用相应的短距离通信技术即可，对通信距离远、覆盖范围大的物联网应用，则需要采用远距离的通信技术；又如对带宽要求高、实时性强的应用，则需要使用高速率的通信技术，对带宽要求不高、功耗要求低的应用，则需要采用低功耗、低速率的通信技术。

3. 网络层的安全性决定了物联网系统的安全性

物联网中的业务数据在承载网络中传输的安全关系到数据是否可以安全可靠地送达应用端，并让应用端能够处理可信的数据，保证物联网系统的安全，同时建立终端及异构网络的鉴权认证机制，能够保证在异构网络下终端的安全接入。

核心网需要接收海量、集群方式存在的物联网节点的传输信息,所以很容易引起网络拥塞,也比较容易受到分布式拒绝服务攻击(DDoS),这是目前物联网网络层最常见的攻击手段,另外,物联网的异构性决定了网络层还存在不同架构网络的互联问题,核心网将面临异构网络跨网认证等安全问题。

因此,物联网网络层的安全对于整个物联网的安全来说是非常重要的。

2.3.2 网络层的功能描述

网络层处于物联网的三层体系结构的中间层,实现了物联网两个端系统(即感知端和应用端)之间数据的透明传输。向下它与感知层相连,负责将感知层采集的数据传送出去,或将应用层送来的数据发送给感知层的设备;向上它与应用层对接,负责将感知层传送来的数据交给应用层,或将应用层的数据或指令发送出去。

1. 物联网网络层的组成

网络层主要包括接入网和核心网两部分,核心网是物联网网络层的主干和核心,接入网是核心网络与感知终端之间的通信网络。网络层根据感知层的业务来特征化网络,从而更好地实现物与物、物与人、人与人之间的通信。物联网的接入设备有很多类型,接入网络的方式也是多种多样,互联网、移动通信网络、局域网、有线电视网以及电话网等都可以作为物联网传输数据的网络。随着物联网业务的应用范围不断扩大、应用要求不断提高以及业务种类不断丰富,对通信网络的需求也在向从简单到复杂、从单一到融合的方向在发展。

2. 物联网的连接技术

物联网的无线连接技术也主要分为两种:一种是局域网接入的方式,这种方式主要是传感器通过对应的物联网网关进行接入,如 ZigBee 网关、Wi-Fi 网关、蓝牙网关等;另一种是广域网直接接入的方式,如 NB-IoT、LoRa、eMTC、4G 和 5G 等技术。局域网接入和广域网接入这两种方式在速率以及功耗上的区分见表 2-2。

表 2-2 局域网接入和广域网接入的主要区别

指标参数及优缺点	广域网接入的主要协议					局域网接入的主要协议		
	2/3/4/5G	eMTC	NB-IoT	LoRa	Sig-Fox	Wi-Fi	ZigBee	蓝牙
覆盖范围	1~10 km	1~10 km	1~10 km	1~10 km	1~10 km	20~200m	100m	20~200m
传输速率	170 kbit/s~100 Mbit/s	1 Mbit/s	100 kbit/s	50 kbit/s	100 kbit/s	54 Mbit/s	20 kbit/s~250 kbit	1 Mbit/s
连接数	<2万/小区	<2万/小区	<5万/小区	1万	1万	约10个	6.5万	约7个
待机时间	数天/(月)	10年	10年	3~5年	10年	1~5天	2年	数天/(月)
授权频谱	是	是	是	否	否	否	否	否

续表

指标参数及优缺点	广域网接入的主要协议					局域网接入的主要协议		
	2/3/4/5G	eMTC	NB-IoT	LoRa	Sig-Fox	Wi-Fi	ZigBee	蓝牙
优势	高安全性、传输数据量大	低功耗 海量连接 高速率 可移动	高安全性 低时延 广覆盖 低功耗	低成本 广连接	传输速率低 成本低 技术简单	应用广泛 传输速率高	低功耗 自组网 低复杂度 可靠	组网简单 低功耗 低延时 安全
缺点	功耗高 成本高	模块成本高	协议复杂	非授权频段、数据传输量小	非授权频段、相对封闭	设置麻烦 功耗高 成本高	传输范围小、速率低、时延不确定	传输范围小

除了无线接入方式外,物联网还有有线的接入方式,如 PSTN、ADSL、有线电视、现场总线 CAN 等。

3. 物联网核心网的主要协议——IP 协议

物联网的核心网是以 TCP/IP 协议为基础,在 TCP/IP 协议中,网络层协议 IP 提供了互连跨越多个网络终端系统(即跨网互联)的能力,该协议也是 TCP/IP 协议的核心,TCP、UDP、HTTP、MQTT、CoAP 等上层协议都要封装在 IP 协议中,以 IP 数据报的形式在网络中传输。

IP 协议规定了网络中的每个设备都必须具备一个独一无二的 IP 地址,因此,物联网中的设备如果要接入 IP 网络,则必须要为其分配一个 IP 地址,这样才能让物联网的设备在网络中接收或发送信息。

IPv4 协议定义的 IP 地址为一个 32 位二进制整数,分为 4 个段,每个段 8 个二进制位,取值范围是 00000000~11111111,一般我们用点分十进制数表示 IPv4 地址,每个段的取值范围是 0~255。

IPv4 地址分为 5 类,分别是 A 类、B 类、C 类、D 类、E 类,如图 2-14 所示,地址类别通过一个前缀来区分,前缀"0"代表是 A 类地址、"10"代表 B 类地址、"110"代表 C 类地址、"1110"代表 D 类地址、"11110"代表 E 类地址。此外,网络号表示该地址属于互联网中的哪一个网络,主机号代表该地址属于这个网络中的哪一台主机。

图 2-14　IPv4 地址分类

网络号和主机号的区分一般可以通过子网掩码（subnet mask）来实现，它也是一个32位的二进制数，由一串连续的0和1构成，子网掩码为1的部分对应的IP地址中的位就表示为网络号的一部分，子网掩码中为0的部分对应IP地址中的位就是主机号的一部分。所以，上述A类地址的子网掩码可以表示为255.0.0.0，B类IP地址的子网掩码为255.255.0.0，C类IP地址的子网掩码为255.255.255.0。

有类IP地址虽然结构很清晰，但是在IPv4地址资源耗尽的情况下，使用有类IP地址的方式会浪费较多的地址资源，因此我们现在一般都采用无类IP地址的方式，也就是CIDR（classless Inter-domain routing）地址。CIDR地址采用任意长度分割IP地址的网络号和主机号，用"IP地址/前缀"来表示，前缀的取值范围是0~32，因此，这种方式IP地址的使用会更加灵活，地址浪费的问题也就可以得到较好的解决。如"192.168.10.1/20"表示IP地址的前20位是网络号，剩余的12位是主机号。

2.4　应用层在物联网中的作用

应用层位于物联网三层结构中的最上层，它在物联网中最核心的功能就是对感知层采集并经过网络层传送过来的数据进行处理，实现对物理世界信息的展示并实现人们对物理世界中相关对象的控制，因此，应用层是能实现物联网最终价值的一层，通过物联网应用层相关技术的应用与开发，我们能够将物联网技术应用于越来越多的行业，让世界变得更加"智慧"。

2.4.1　应用层在物联网中的重要性

物联网应用层要处理的两个核心问题就是数据和应用。数据是物联网的灵魂，没有海量的感知层数据的支撑，物联网就是一个空壳，没有了它存在的价值。但有了数据，还需要让数据变成有价值的信息，才能让数据的真正价值得以体现，这时候对数据的应用就是物联网的关键所在。

从数据上看，物联网应用层需要将接收到的感知层采集的海量数据进行收集、存储、分析、处理以及实时管理，随时随地为物联网应用软件系统提供这些数据并供其使用。

从应用上看，单纯提供数据的管理和处理还不够，还需要将这些数据和各种实际的事务进行精准匹配，大数据内容与各种事务的具体内容紧密关联，从而实现数据与具体物联网的业务应用相结合。

例如，在当前基于NB-IoT技术的燃气、水务、电力等智能抄表业务中，用户的用气、用水、用电的相关信息会定期采集并上报给供气、供水、供电的公司或相关业务部门的中心服务器，如图2-15所示。中心服务器是应用层的组件之一，它负责对用户用气、用水、用电的信息进行分析处理，并根据分析的结果来制订对应的收费方法，另外，还可以帮助这些公司或部门掌握整个管辖区域的用户的设备状态、用电情况等信息，以便于更好地为用户提供更精细化的服务。

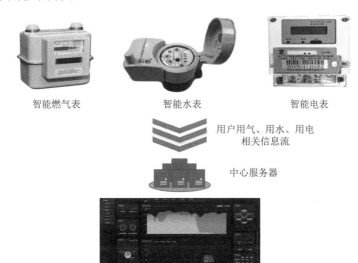

图 2-15　智能抄表业务数据处理流程

2.4.2　应用层的功能描述

1. 物联网应用层的结构

物联网应用层的结构可以分为三个主要部分，分别是：

1) 中间件

物联网中间件技术是一种介于物联网硬件和应用软件之间的技术，它是物联网应用中的重要软件组成部分，可以向下进行集成处理，向上直接为系统软件提供数据等资源，能够为物联网系统提供统一封装的公共能力。中间件技术的开发专业性很强，技术门槛也比较高，其主要功能包括屏蔽异构、实现互操作以及信息预处理等。所谓屏蔽异构，就是可以让应用软件的开发者不用去关注物联网底层硬件、数据存储格式等的不同，只要调用中间件提供的统一数据格式，异构数据格式的转换都由中间件来完成，这样就可以降低应用软件开发人员的开发难度，提高开发效率；实现互操作是指通过中间件，可以让统一设备采集到的信息应用于多个不同的应用系统，这些不同的应用系统之间的数据可以相互共享和互通；预处理数据是指中间件可以将海量的物联网数据提前处理，过滤掉无价值的数据，使应用系统能够直接处理有价值的数据，减少无效处理，提升资源的利用率。

2) 云计算与大数据

云计算与大数据技术可以为物联网的海量数据提供存储和分析。

云计算根据服务类型可以分为基础设施即服务（infrastructure as a service，IaaS）、软件即服务（software as a service，SaaS）、平台即服务（platform as a service，PaaS）。云计算技

术中主要包含虚拟化、分布式存储、分布式计算以及多租户等技术，目前云计算在物联网的很多垂直行业应用领域有着广泛的应用，物联网终端设备只要具有网络的接入条件，就可以随时对云计算资源进行访问。

大数据技术主要包括数据采集、预处理、数据存储与管理、数据处理与分析、数据安全及隐私保护等内容，该技术能够对物联网数据进行计算、处理以及知识挖掘，从而实现对物理世界的实时控制、精确管理和科学决策等。

3）应用系统

物联网应用系统就是物联网技术应用在各个垂直行业和应用场景，用户通过应用系统可以与物理世界中的事物进行交互的系统，它也是物与物、人与物、人与人之间交流的桥梁。目前比较典型的物联网应用系统包括智能家居、智慧农业、智慧交通、智能抄表、智慧消防、智慧物流等应用系统。随着人工智能技术的不断发展，其在物联网应用中的融入也在不断加强，物联网应用系统的智能化程度也将不断提升。

2. 典型的物联网应用层协议

1）超文本传输协议（hypertext transfer protocol，HTTP）

该协议主要用于万维网（world wide web，WWW）服务器与本地浏览器之间的超文本传输协议，它是一个属于应用层的面向对象的协议，采用客户端/服务器（C/S）架构，浏览器作为HTTP客户端通过URL向HTTP服务器端即Web服务器发送请求，一般常用的请求方法为GET或POST方法。Web服务器收到客户端请求后，向客户端发送响应信息，如图2-16所示。

图2-16 HTTP工作过程

HTTP协议在当前的互联网中应用非常普遍，特别是在PC、智能手机、PAD等终端设备上应用广泛，也有不少物联网应用系统采用该协议进行应用开发，但是，目前它在物联网场景的应用中还存在着一些弊端，如该协议必须由设备主动向服务器发送数据，而难以主动向设备推送数据；其次，它的安全性不高；此外，由于物联网设备的计算和存储资源相对有限，很难像PC、智能手机一样去实现HTTP协议或解析XML/JSON格式的数据。

2）消息队列遥测传输协议（message queuing telemetry transport，MQTT）

MQTT也是一个基于客户端/服务器的消息发布/订阅（publish/subscribe）传输协议，该协议的特点是轻量、简单、开放和易于实现，因此，它的适用范围非常广泛，如在机器与机器（machine to machine，M2M）通信和物联网通信环境中。

MQTT协议定义了两种网络实体，即消息代理（Message Broker）与客户端（Client），其中，消息代理用于接收来自客户端的消息并转发至目标客户端，MQTT客户端可以是任何运行有MQTT库并通过网络连接至消息代理的设备，如微控制器或大型服务器等。

MQTT的信息传输是以主题（Topics）形式管理的，发布者有需要分发的数据时，其向连接的消息代理发送携带有数据的控制消息，代理会向订阅此主题的客户端分发此数据，如图2-17所示。发布者不需要知道订阅者的数据和具体位置，同样，订阅者也无须配置发布者的相关信息。

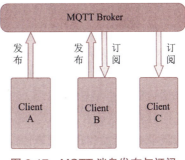

图 2-17　MQTT 消息发布与订阅

知识拓展：更多MQTT协议的内容请查看二维码。

3) Modbus 协议

Modbus协议属于应用层通信协议，它是一种串行通信协议，最初是为了使用可编程逻辑控制器（PLC）而设计，能够让不同厂商的控制设备可以连成工业网络并进行集中控制。Modbus协议不依赖于具体的物理层和传输层技术，可以使用多种物理层和传输层来进行通信，如串口、以太网等。目前该协议已经成为工业电子设备之间常用的一种连接方式，它是一种请求-应答方式的协议，也是一个主/从（Master/Slave）架构的协议，有一个节点是主节点，其他使用Modbus协议参与通信的节点为从节点，且每一个从节点都有一个唯一的地址。在串行和MB+（Modbus Plus）网络中，只有被指定为主节点的节点才能启动一个指令，在Modbus指令中包含了需要执行的设备的Modbus地址，同一网络中所有设备都能收到该指令，但是只有指定Modbus地址的设备才会执行并响应该指令（0地址除外，因0地址为广播指令的地址），如图2-18所示。

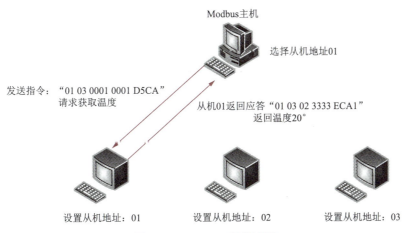

图 2-18　Modbus 通信过程

4) 约束应用协议（constrained application protocol，CoAP）

CoAP协议是用于受约束设备的专用互联网应用协议，该协议设计用于在同一受限网络（如低功率或有损网络）上的设备之间、设备与互联网上的一般节点之间以及在都通过互联网连接的不同受限网络上的设备之间使用。

CoAP 协议的主要特点是：首先，它是基于消息模型的，以消息为数据通信载体，通过交换网络消息来实现设备间数据通信；其次，该协议是基于请求/响应模型，对 CoAP Server 云端设备资源的操作都是通过请求响应机制来实现，这与 HTTP 类似，设备端可以通过 GET（读取）、PUT（修改）、POST（创建）和 DELETE（删除）这 4 个请求方法对服务器端资源进行操作；第三，它是基于消息的双向通信，客户端和服务器是双方都可以独立向对方发送请求，即双方既可以充当客户端也可以充当服务器的角色；第四，它可以支持最小 4 B 长度的轻量可靠传输，支持 IP 多播；第五，支持非长连接通信，支持受限设备、观察模式以及异步通信等，默认通过 UDP 协议传输。

CoAP 的通信模型如图 2-19 所示。

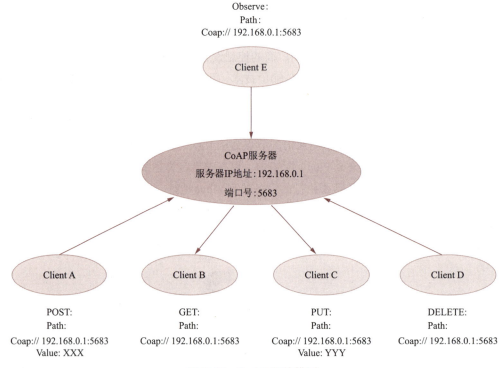

图 2-19　CoAP 通信模型

5）数据分发服务协议（data distribution service，DDS）

DDS 是新一代分布式实时通信中间件协议，采用发布/订阅体系架构，强调以数据为中心，提供丰富的服务质量（QoS）策略，以保障数据进行实时、高效、灵活地分发，可以满足各种分布式实时通信应用需求。

因为 DDS 具有实时性的特性，因此，在自动驾驶系统中所采用的感知、预测、决策及定位等模块可以借助 DDS 协议来完成实时的通信需求。

6）高级消息队列协议（advanced message queueing Protocol，AMQP）

AMQP 是一个提供统一消息服务的、进程间传递异步消息的应用层协议，为面向消息的中间件设计。基于该协议的客户端与消息中间件可传递消息，并且不受客户端/中间件不同产品和不同开发语言等条件的限制，它的主要特征是面向消息、队列、路由（包括点对点和发布/订阅）、可靠性以及安全。

7）可扩展通信和展示协议（extensible messaging and presence protocol，XMPP）

XMPP协议是一种在两个地点间传递小型结构化数据的协议。目前，该协议通常被用来构建大规模即时通信系统、游戏平台、协作空间及语音和视频会议系统。

XMPP协议中有众多系统：发布-订阅服务、多人聊天、表单检索与处理、服务发现、实时数据传输、隐私处理及远程过程调用等。

8）Java消息服务协议（java message service，JMS）

JMS即Java消息服务应用程序接口，是一个Java平台中关于面向消息中间件的API，用于在两个应用程序之间，或分布式系统中发送消息，进行异步通信，它是一个与具体平台无关的API，绝大多数消息中间件提供商都对JMS提供支持。

JMS允许应用程序组件基于Java EE平台创建、发送、接收和读取消息。它使分布式通信耦合度更低，消息服务更加可靠以及具有异步性等。

习 题

一、选择题

1. （   ）好比是物联网的皮肤和五官，作用就像人的视觉、触觉、味觉、听觉一样。
   A. 感知层　　　　B. 网络层　　　　C. 传输层　　　　D. 应用层

2. （   ）好比是物联网的神经，相当于人的大脑和神经中枢，主要负责传递和处理感知层获取的信息。
   A. 感知层　　　　B. 网络层　　　　C. 传输层　　　　D. 应用层

3. 以下（   ）不属于感知层的主要关键技术。
   A. 标识技术　　　B. 传感技术　　　C. 视频技术　　　D. 通信技术

4. RS-485两线制接线中，在同一总线上，最多可以挂接（   ）个节点。
   A. 8　　　　　　B. 16　　　　　　C. 32　　　　　　D. 48

5. 以下（   ）不是USB接口的类型。
   A. Type A　　　　B. Type B　　　　C. Type C　　　　D. Max USB

6. 以下（   ）不属于典型的物联网应用层协议。
   A. ZigBee　　　　B. MQTT　　　　C. CoAP　　　　D. XMPP

7. （   ）的主要特点是：首先它是基于消息模型的，以消息为数据通信载体，通过交换网络消息来实现设备间数据通信。
   A. HTTP协议　　　B. MQTT协议　　　C. Modbus协议　　D. CoAP协议

8. 以下（　　）是RJ45插头正确的线序。
   A. 绿白-绿-橙白-蓝-蓝白-橙-棕-棕白
   B. 绿白-蓝-橙白-蓝白-绿白-橙-棕白-棕
   C. 橙白-橙-绿白-蓝-蓝白-绿-棕白-棕
   D. 绿白-橙-橙白-蓝-蓝白-绿-棕白-棕

二、填空题

1. 物联网层次体系结构从下到上分别包括_____、_____和_____。
2. 物联网体系结构中，_____好比是物联网的大脑，主要功能是支撑不同行业、不同应用及不同系统之间的_____，以及各种行业应用服务。
3. _____是将物体接入网络的关键技术，它让物体在网络中具有可实别的身份。
4. 物联网体系结构中，网络层主要包括_____和_____两部分，_____是核心网络与感知终端之间的通信网络。
5. _____是BOSCH公司发明的一种基于消息广播模式的串行通信总线。
6. HTTP协议采用_____架构，_____作为HTTP客户端，通过URL向HTTP服务器端即Web服务器发送请求，一般常用的请求方法为_____或_____方法。
7. MQTT是一个基于客户端/服务器的_____/_____传输协议。
8. RJ-45插头（水晶头）有两种国际标准接法，分别是_____和_____标准。

三、判断题

1. RS-485的两线制（即AB线）接线方式采用总线拓扑结构。（　　）
2. UART属于点对点的串行接口，它主要有TXD和RXD两条线缆。（　　）
3. I^2C总线定义了SDA和SCL两条串行线，且它们是对等结构。（　　）
4. NB-IoT技术采用的工作频谱属于授权频谱。（　　）
5. HTTP、MQTT、CoAP等上层协议都要封装在IP数据报中。（　　）

四、简答题

1. 简述感知层在物联网中的重要性。
2. 简述网络层在物联网中的重要性。
3. 简述物联网的接入方式。
4. 简述物联网应用层的结构。

第 3 章 物联网感知层关键技术

通过物联网，能够实现物和物之间的通信，而在其实现的过程中，最关键的就是感知层，需要通过感知层感知物，并且获取所需信息内容。所以，感知层的作用十分重要。本章对物联网感知层的关键技术进行了详细的阐述。

学习目标

知识目标

（1）了解物联网感知层在物联网中的主要作用；（2）掌握条形码、RFID等自动识别技术的主要技术特点；（3）了解传感器的分类和工作原理；（4）了解智能终端设备的主要功能特点。

能力目标

（1）能说出一维条形码和二维条形码的特点、分类以及应用场景；（2）能分辨不同类型传感器，包括其信号的特点；（3）能解释RFID、传感器等感知设备的工作原理；（4）能说出智能终端设备、边缘计算设备在物联网中的主要作用。

素质目标

（1）具备可持续发展和环境保护意识；（2）具备数据隐私保护和信息安全意识；（3）具备感知层设备装调中的工匠精神。

3.1 自动识别技术

自动识别技术是应用一定的识别装置，自动获取被识别物品的相关信息，并提供给后台系统来完成相关处理与控制的一种技术。

通过将计算机、光、电、通信和网络技术融为一体，与互联网、移动通信等技术相结合，实现了全球范围内物品的跟踪与信息的共享，从而给物体赋予智能，实现人与物体以及物体与物体之间的沟通和对话。

自动识别系统的基本模型一般分为三个组成部分,如图3-1所示。自动识别装置完成数据的采集和存储工作。中间件或者接口提供自动识别装置和应用软件系统之间的通信接口,包括数据格式,将自动识别系统采集的数据转换成应用软件系统可以识别和利用的信息并进行传递。应用系统软件对自动识别装置所采集的数据进行处理。

自动识别装置 → 中间件或接口 → 应用软件系统

图 3-1　自动识别系统模型图

视频　自动识别技术

视频　自动识别技术应用

目前,自动识别技术在我国已经渗透到各行各业,担当着不可或缺的重要角色。自动识别技术在各个行业中的广泛应用促进了传统产业的升级和改造,带动了各个领域信息化的发展,改变了过去"高增长、高能耗"的经济增长方式,节约了制造成本,提升了国民经济效益。同时,我国自动识别技术产品的创新和市场的需求也将成为我国经济的增长点。因此,自动识别技术产业的健康发展对于国民经济新的增长方式的改变和经济效益的增加有着非常重要的作用。自动识别技术的发展和应用将成为我国信息产业的一个重要的组成部分,具有广阔的发展前景。

我国自动识别技术发展快速,相关技术的产品也正朝着多功能、远距离、小型化、快速化、安全可靠、软硬件齐发展等方向迅猛发展,出现了很多新型技术装备。随着人们对自动识别技术的广泛应用和需求的增加,其应用领域在日益扩大,面向企业信息化管理的深层的集成应用是自动识别技术未来应用发展的趋势之一,其应用层次的提升及国内市场巨大的增长潜力,为我国自动识别技术产业的发展带来了良机。自动识别技术市场前景广阔,各行各业的信息化应用将与自动识别技术形成互补,促使其更广泛地应用于各个领域。

按照应用领域和具体特征的分类标准,自动识别技术一般可以分为以下几类:
- 条形码识别技术。
- 射频识别技术。
- 图像识别技术。
- 磁卡及IC卡识别技术。
- 光学字符识别技术。
- 语音识别技术。

3.1.1　条形码识别技术

1. 条形码的发展历史

条形码的研究始于美国。

20世纪20年代,发明家John Kermode想对邮政单据实现自动分拣,想法是在信封上作标识,标识收件人的地址(像今天的邮政编码)。Kermode发明了一个"条"表示数字"1",两个"条"表示数字"2",他又发明了由基本的元件组成的条形码识读设备,从而实现了对信件的自动分拣。

20世纪40年代，美国的两位工程师开始研究用代码表示食品项目和相应的自动识别设备，并于1949年获得了美国专利。

20世纪70年代初，随着计算机技术的应用和发展，条形码首先在美国的食品零售业应用并取得成功。同时，Interface Mechanisms公司开发出"二维码"。

1970年，美国统一编码委员会成立（uniform code council，UCC）。

1972年，UCC推荐了由IBM公司提出的通用产品代码（Universal Production Code，UPC），随之而来的是使用UPC码标识商品和使用条形码扫描器的销售点迅速增多。

1977年，成立了"欧洲物品编码协会"，推出了与UPC码兼容的EAN码（European article numbering association）。

1981年，"欧洲物品编码协会"更名为"国际物品编码协会"（international article numbering association，IAN）。

20世纪90年代，相继出现了多种高容量条形码，如CODE49、PDF417等。

1991年4月，"中国物品编码中心"代表中国加入"国际物品编码协会"。

我国条形码技术从20世纪末引入，经过二十多年的发展，我国条形码技术已从商业零售领域向运输、物流、电子商务和产品追溯等多领域拓展，并带动了条形码产业的形成和发展。

我国最先广泛应用条形码技术的领域是零售业。目前，我国使用商品条形码的用户有数十万家，使用条形码标识的产品超过100万种，使用条形码自动扫描商店有数十万家，大大提高了我国商品在国内外市场上的竞争力，促进了我国经济的发展。

就目前的条形码技术发展情况来看，未来条形码技术会得到更广泛的应用，尤其是在人们关注的饮食行业，中国物品编码中心将协同中国食品工业协会、农业农村部、药监局等相关部门，建立基于条形码技术的我国食品安全与溯源体系。这样，无论是食品生产还是食品销售，都将形成一个完整的条形码体系，不仅方便广大消费者的采购，更保障了消费者的健康和安全。

我国的进出口贸易每年都在持续增长，越来越多的企业走出国门，争夺国际市场。随着我国国际地位的提升、科技的发展，高新技术也在不断地涌现和发展，特别是信息开发和信息服务产业得到迅猛的发展，再加上网上购物模式的日益繁荣，使得物流业也随之发展起来，越来越多的物流产品的传递和运送，都离不开条形码技术。

2．条形码的概念

条形码简称条形码（bar code），它是由一组规则排列的条、空及其对应字符组成的标记，用以表示一定的信息。

"条"指对光线反射率较低的部分（一般表现为深色，多用黑色），"空"指对光线反射率较高的部分（一般表现为浅色，多用白色）。条形码识别是对红外光或可见光进行识别，由扫描器发出的红外光或可见光照射条形码标记，深色的"条"吸收光多、反射光少，浅色的"空"吸收光少、反射光多，反射光进入扫描器后，扫描器根据反射光的强弱将光信号转换为电子脉冲，再由译码器将电子脉冲转换为数据，最后送入计算机系统进行数据处理与管理。

3．条形码的分类

按码制分类，条形码可以分为UPC码、EAN码、25码、交插25码、ITF-14码、ITF-6码、39码、库德巴码、128码、93码等。按维数分类，条形码可以分为一维条形码、二维条形码、多维条形码等。

1）一维条形码

一维条形码只是在一个方向（一般是水平方向）表达信息，而在垂直方向则不表达任何信息，其一定的高度通常是为了便于阅读器的对准。一维条形码的应用可以提高信息录入的速度，减少差错率，可直接显示内容为英文、数字、简单符号。但一维条形码的存储数据量不多，主要依靠计算机中的关联数据库，在没有数据库和不便联网的地方使用受用较大限制，保密性能不高，且损污后可读性差。

按照应用，一维条形码又可分为商品条形码（EAN码和UPC码）和物流条形码（128码、39码、库德巴码等）。一维条形码的具体说明如图3-2所示。

图3-2　一维条形码的具体说明

2）二维条形码

二维条形码技术是在一维条形码无法满足实际应用需求的前提下产生的。由于受信息容量的限制，一维条形码通常只是对物品进行标识，而二维条形码则可以对物品进行详细描述。

所谓对物品的标识，就是给某物品分配一个代码，代码以条形码的形式标识在物品上，用来标识该物品，以便自动扫描设备的识读，代码或一维条形码本身不表示该产品的描述性信息。

二维条形码（2-dimensional bar code）是在水平和垂直方向的二维空间中都存储信息的条形码，可直接表示英文、中文、数字、符号、图形等；存储数据量大，可用扫描仪直接读取内容，无须另接数据库；保密性高（可加密）；安全级别最高时，损污50%仍可读取完整信息。

信息容量大、安全性高、读取率高、错误纠正能力强等特性是二维条形码的最主要特点。

二维条形码通常分为以下两种类型：

（1）行排式二维条形码（2D stacked bar code），又称堆积式二维条形码或层排式二维条形码。行排式二维条形码其编码原理是建立在一维条形码基础之上，按需要堆积成两行或多行。由于行数的增加，需要对行进行判定，其译码算法与软件也不完全相同于一维条形码。有代表性的行排式二维条形码有CODE49、CODE16K、PDF417等，如图3-3所示。

PDF417

CODE49

CODE16K

图 3-3　行排式二维条形码

层排式二维条形码可通过线性扫描器逐层实现译码，也可通过照相和图像处理进行译码。

（2）矩阵式二维条形码（2D matrix bar code），又称棋盘式二维条形码。矩阵式二维条形码是在一个矩形空间通过黑、白像素在矩阵中的不同分布进行编码。在矩阵相应元素位置上，用点（方点、圆点或其他形状）的出现表示二进制"1"，点的不出现表示二进制"0"，点的排列组合确定了矩阵式二维条形码所代表的意义。

QR Code、Data Matrix、Maxi Code、Code One、汉信码等都是矩阵式二维条形码，如图3-4所示。绝大多数矩阵式二维条形码必须采用照相方法识读。

Code one

Data Matrix

QR Code

图 3-4　矩阵式二维条形码

3）二维条形码与一维条形码的比较

二维条形码除了左右（条宽）的粗细及黑白线条有意义外，上下的条高也有意义。与一维条形码相比，由于左右（条宽）上下（条高）的线条皆有意义，故可存放的信息量就比较大。从符号学的角度讲，二维条形码和一维条形码都是信息表示、携带和识读的手段。但从应用角度讲，尽管在一些特定场合可以选择其中的一种来满足需要，但它们的应用侧重点是不同的：一维条形码用于对"物品"进行标识，二维条形码用于对"物品"进行描述。

知识拓展：目前我们生活中接触最多的一维条形码是EAN-13条形码，商场和超市里琳琅满目的商品都采用了EAN-13条形码，它由13位数字组成，其中前3位数字为前缀码，目前国际物品编码协会分配给我国并已启用的前缀码为690~692。当前最流行的二维条形码则是QR码，QR码是由日本Denso公司于1994年9月研制的一种矩阵二维码符号，它具有超高速、全方位识读、信息容量大、可表示汉字、保密防伪性强、可靠性高等特点。我国唯一一个完全拥有自主知识产权的二维条形码则是由中国物品编码中心自主研发的汉信码，它在汉字表示方面具有明显的优势，支持GB 18030大字符集中规定的160万个汉字信息字符，汉字表示信息效率更高。大家可以到中国物品编码中心网站详细了解各种条形码的标准。

3.1.2 射频识别技术

RFID（radio frequency identification），即射频识别，俗称电子标签，它是一种非接触式的自动识别技术，通过射频信号自动识别目标对象并获取相关数据，识别工作无须人工干预，也无须识别系统与特定目标之间建立机械或光学接触，可工作于多种恶劣环境。RFID技术可识别高速运动物体并可同时识别多个对象，操作快捷方便。

1. RFID系统的组成

一个完整的RFID系统是由阅读器（Reader）、应答器（Transponder）即电子标签（Tag）、应用管理系统三个部分组成，如图3-5所示。

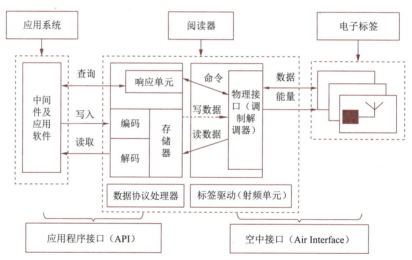

图3-5 RFID系统的组成结构

1）阅读器

阅读器是一个获取（有时候也可以写入）和处理电子标签内存储数据的设备。它通常由天线、耦合模块、收发模块、控制模块和接口单元组成。

2）电子标签

电子标签是一个微型的无线收发装置，由天线、耦合元件及芯片组成，每个标签具有唯一的电子编码（unique identifier，UID），附着在物体上标识目标对象。

3）应用管理系统

应用管理系统是应用层软件，主要把收集的数据进一步处理，并为人们所使用。

在应用系统和阅读器之间根据功能和用途的不同，可以使用不同的应用程序接口（API），比如，Web API、云 API 等。在电子标签和阅读器之间，采用空中接口（Air Interface）传输数据，比如，USB、RS485、Wi-Fi、蓝牙等有线或无线的接口。

2. RFID 系统的工作原理

RFID 系统的工作原理如图 3-6 所示，由阅读器通过发射天线发送特定频率的射频信号，当电子标签进入有效工作区域时产生感应电流，从而获得能量，电子标签被激活，使得电子标签将自身编码信息通过内置射频天线发送出去（无源标签或被动标签）；或者由电子标签主动发送某一频率的信号（有源标签或主动标签）。阅读器的接收天线接收到从标签发送来的调制信号，经天线调节器传送到阅读器信号处理模块，经解调和解码后将有效信息送至后台主机系统进行相关的处理；主机系统根据逻辑运算识别该标签的身份，针对不同的设定做出相应的处理和控制，最终发出指令信号控制阅读器完成相应的读写操作。

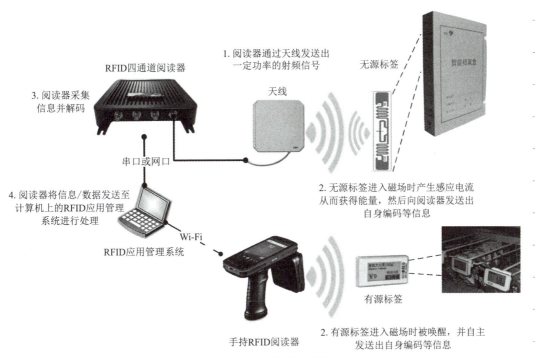

图 3-6　RFID 系统的工作原理

3. RFID 的分类

RFID 按应用频率的不同分为低频（LF）、高频（HF）、超高频（UHF）、微波（MW），相对应的代表性频率分别为：低频 135 KHz 以下，高频 13.56 MHz，超高频 860 MHz～960 MHz，微波 2.4 GHz、5.8 GHz。工作频率不仅决定了 RFID 系统的工作原理、识别距离，还决定了电子标签和阅读器实现的难易程度及设备的成本。

RFID 按照电子标签能源的供给方式分为无源 RFID、有源 RFID 以及半有源 RFID。无源 RFID 电子标签没有内装电池，读写距离近，价格低；有源 RFID 可以提供更远的读写距离，但是需要内装电池供电，成本要更高一些，适用于远距离读写的应用场合；半有源

RFID产品，结合有源RFID产品及无源RFID产品的优势，部分依靠电池工作，利用低频近距离精确定位，微波远距离识别和上传数据。

RFID依据封装形式的不同可分为信用卡标签、线形标签、纸状标签、玻璃管标签、圆形标签及特殊用途的异形标签等。

4. RFID的应用

自20个世纪80年代以来，RFID技术开始得到广泛运用，并且逐渐开始走向成熟。尤其近年来，随着物联网产业的快速发展，RFID技术更是得到了广阔的发展空间。目前，随着人们对RFID技术的认可，其应用深入到更多领域。

RFID系统比较常见的有以下几种应用：

1）通道管理

通道管理包括人员、车辆或者物品，实际上就是对进出通道的人员或物品通过识别和确认，决定是否放行，并进行记录，同时对不允许进出的人员或物品进行报警，以实现更加严密的管理，我们常见的门禁、图书管理、超市防盗、无人值守的停车场管理系统等都属于通道管理。

2）数据采集与身份确认系统

数据采集系统是使用带有RFID阅读器的数据采集器采集电子标签上的数据，或对电子标签进行读写，实现数据采集和管理，如我们常用的身份证识别系统、消费管理系统、社保卡、银行卡、考勤系统等都属于数据的采集和管理。

3）定位系统

定位系统用于自动化管理中对车辆、人员、生产物品等进行定位。阅读器放置在指定空间、移动的车辆、轮船上或者自动化流水线中，电子标签放在移动的人员、物品、物料、半成品、成品上，阅读器一般通过无线的方式或者有线的方式连接到主信息管理系统，系统对读取电子标签的信息进行分析判断，确定人或物品的位置和其他信息，从而实现自动化管理。常见的应用如博物馆物品定位、矿井人员定位、生产线自动化管理、码头物品管理等。

RFID技术目前广泛应用于通信传输、工业自动化、商业自动化、交通运输控制管理和身份认证等多个领域，而在仓储物流管理、生产过程制造管理、智能交通、网络家电控制等方面也有较大的发展空间。

知识拓展：RFID技术相较于传统的条形码技术具有以下优势：RFID阅读器可以同时识读多个电子标签；RFID电子标签体积更小型化、形态更多样化；RFID电子标签抗污染能力更强；RFID电子标签可读可写、可重复使用；RFID阅读器可以进行穿透性和无屏障阅读；RFID电子标签的存储容量更大、安全性更高。但是，由于条形码成本较低，制作容易，具有完善的标准体系，已经成为目前应用最为广泛的一种自动识别技术。条形码技术与RFID技术两者并不是技术的进阶，应该说技术上各有优势，短时间内一种技术并不会完全取代另一种技术。

更多RFID技术知识，请扫描二维码。

RFID技术

3.1.3 图像识别技术

图像识别技术是信息时代的一门重要的技术，是人工智能的一个重要领域。其产生的目的是为了让计算机代替人类去处理大量的物理信息。随着计算机技术的发展，人类对图像识别技术的认识越来越深刻。图像识别技术是一种立体视觉、运动分析、数据融合等实用技术的综合应用，目前有许多科技企业纷纷运用图像识别技术，结合实际场景的需求，研发生产了许多智能化的识别设备，对新基建的推进起到了重要推动作用，未来，图像识别技术将会更加完善，会满足更多领域的场景需求。

图像识别技术的发展经历了三个阶段：文字识别、数字图像处理与识别、物体识别。图像识别，顾名思义，就是对图像做出各种处理、分析，最终识别我们所要研究的目标。今天说到的图像识别并不仅仅是用人类的肉眼识别，而是借助计算机技术进行识别。虽然人类的识别能力很强大，但是对于高速发展的社会，人类自身识别能力已经满足不了我们的需求，于是就产生了基于计算机的图像识别技术。

1. 图像识别技术原理

计算机的图像识别技术和人类的图像识别在原理上并没有本质的区别。人类的图像识别也不单单是凭借整个图像存储在脑海中的记忆来识别的，我们识别图像都是依靠图像所具有的本身特征而先将这些图像分类，然后通过各个类别所具有的特征将图像识别出来的。当看到一张图片时，我们的大脑会迅速感应到是否见过此图片或与其相似的图片。其实在"看到"与"感应到"的中间经历了一个迅速识别过程，这个识别的过程和搜索有些类似。在这个过程中，我们的大脑会根据存储记忆中已经分好的类别进行识别，查看是否有与该图像具有相同或类似特征的存储记忆，从而识别出是否见过该图像。机器的图像识别技术也是如此，通过分类并提取重要特征而排除多余的信息来识别图像。机器所提取出的这些特征有时会非常明显，有时又很普通，这在很大的程度上影响了机器识别的速率。总之，在计算机的视觉识别中，图像的内容通常是用图像特征进行描述。

图像特征是表征一个图像最基本的属性或特征，也是当前图像模式识别的重要内容。模式识别是人工智能和信息科学的重要组成部分。模式识别是指对表示事物或现象的不同形式的信息做分析和处理从而得到一个对事物或现象做出描述、辨认和分类等的过程。

计算机的图像识别技术就是模拟人类的图像识别过程。在图像识别的过程中进行模式识别是必不可少的。模式识别原本是人类的一项基本智能。但随着计算机的发展和人工智能的兴起，人类本身的模式识别已经满足不了生活的需要，于是人类就希望用计算机来代替或扩展人类的部分脑力劳动。这样计算机的模式识别就产生了。简单地说，模式识别就是对数据进行分类，它是一门与数学紧密结合的科学，其中所用的思想大部分是概率与统计。模式识别主要分为三种：统计模式识别、句法模式识别、模糊模式识别。

2. 图像识别技术的过程

图像识别技术的过程分以下几步：信息的获取、预处理、特征抽取和选择、分类器设计和分类决策。

（1）信息的获取是指通过传感器，将光或声音等信息转化为电信息。也就是获取研究对象的基本信息并通过某种方法将其转变为机器能够认识的信息。

（2）预处理主要是指图像处理中的去噪、平滑、变换等的操作，从而加强图像的重要特征。

（3）特征抽取和选择是指在模式识别中，需要进行特征的抽取和选择。简单的理解就是我们所研究的图像是各式各样的，如果要利用某种方法将它们区分开，就要通过这些图像所具有的本身特征来识别，而获取这些特征的过程就是特征抽取。在特征抽取中所得到的特征也许对此次识别并不都是有用的，这个时候就要提取有用的特征，这就是特征的选择。特征抽取和选择在图像识别过程中是非常关键的技术之一，所以对这一步的理解是图像识别的重点。

（4）分类器设计是指通过训练而得到一种识别规则，通过此识别规则可以得到一种特征分类，使图像识别技术能够得到高识别率。

（5）分类决策是指在特征空间中对被识别对象进行分类，从而更好地识别所研究的对象具体属于哪一类。

3. 图像识别技术的分析

随着计算机技术的迅速发展和科技的不断进步，图像识别技术已经在众多领域中得到了应用。图像识别技术在图像识别方面已经有要超越人类的图像识别能力的趋势，未来，图像识别技术有更大的研究意义与潜力。而且，计算机在很多方面确实具有人类所无法超越的优势，也正是因为这样，图像识别技术才能为人类社会带来更多的应用。

4. 图像识别技术的应用及前景

对于图像识别技术的应用大家已经不陌生，人脸识别、虹膜识别、指纹识别等都属于这个范畴，但是图像识别远不只如此，它涵盖了生物识别、物体与场景识别、视频识别三大类。发展至今，尽管与理想还相距甚远，但日渐成熟的图像识别技术已开始探索在各类行业中的应用。

1）网络搜索

在中国，百度是领先的搜索引擎，它在计算机视觉和视频内容理解方面也进行了大量的研究与开发。百度推出了名为PaddlePaddle的深度学习平台，该平台支持多种计算机视觉任务，例如图像分类、对象检测、图像分割等。此外，百度还开发了智能视频分析技术，可以用于视频内容的自动标注、视频摘要生成以及视频推荐系统。

腾讯公司也不落后于此，旗下的腾讯优图实验室专注于计算机视觉领域的研究，包括人脸识别、图像识别、视频理解等。腾讯优图的技术被应用于微信、QQ等社交平台，提升了用户在图片分享和视频观看方面的体验。例如,微信朋友圈的照片搜索功能就利用了腾讯优图的图像识别技术。

阿里巴巴集团同样在这一领域有所建树,其达摩院致力于人工智能技术的研究,包括计算机视觉在内的多个方向。阿里巴巴的视频技术被广泛应用于电商平台,如淘宝直播,通过视频识别技术可以实现商品的自动识别和标签化,帮助用户更快地找到感兴趣的商品。

2)智能家居

在智能家居领域,通过摄像头获取图像,然后通过图像识别技术识别出图像的内容,从而做出不同的响应。例如,我们在门口安装了摄像头,当有物体出现在摄像头范围内的时候,摄像头自动拍摄下图像进行识别,如果发现是可疑的人或物体,就可以及时报警给户主。如果图像和主人的面部匹配,则会主动为主人开门。还有家庭用的智能机器人,通过图像识别技术可以对物体进行识别,并且实现对人的跟随,搭配上人工智能系统,它能分辨出你是它的哪个主人,并且能与你进行一些简单的互动,比如检测到是家里的老人,它可能会为你测一测血压,如果是小孩子,它可能给你讲个故事。

3)电商购物

网购时消费者使用的"拍照识别/扫描识别"搜索功能,就是基于图像识别技术,当消费者将鼠标指针停留在感兴趣的商品上后,就可以选择查看相似的款式;同时通过调整算法,还能够更好地猜测消费者的意图,搜索结果即使不能提供完全匹配的商品,也会为消费者推荐最为相关的商品,尽量满足消费者的购物需求。这对于商家来说,也是一种从外界导流和提高移动端用户黏性的方式之一。

4)农林业

在农林业方面,图像识别技术已在多个环节中得到应用,例如森林调查,通过无人机对图像进行采集,再通过图像分析系统对森林树种的覆盖比例、林木的健康状况进行分析,从而可以做出更科学的开采方案。而原木检验方面,图像识别可以快速对木材的树种、优劣、规格进行判断,可省去大量人工参与的环节。

5)金融

在金融领域,身份识别和智能支付将提高身份安全性与支付的效率和质量。比如,在传统金融中,用户在申请银行贷款或证券开户时,均必须到实体门店上做身份信息核实,完成面签。如今,通过人脸识别技术,用户只需要打开手机摄像头,自拍一张照片,系统将会做一个活体检测,并进行一系列的验证、匹配和判定,最终会判断这个照片是否是用户本人操作,完成身份核实。

6)安防

图像识别在安防领域应用较多,未来在软硬件铺设到后端软件管理平台的建设转型中,图像识别系统将成为打造智慧城市的核心环节。比如,人脸识别是智能安防时代视频监控中不可或缺的一部分,能直接帮助用户从视频画面中提取出"人"的信息,这大大提升了监控系统的价值,让监控系统不再是"呆板"的去录像,而是让它去"认人"。

7）医疗

未来，将图像识别技术应用到医疗领域，可以更精准更快速地分辨X光片、MRI和CT扫描图片，上至诊断预防癌症，下至加速发现治病的新药。一个放射科医生一生可能会看上万张扫描图像，但是，一台计算机可能会看上千万张。让计算机来解决图像的问题，这听起来并不疯狂。

8）娱乐监管

以视频直播为例，直播内容的审查鉴定可以从以下几个步骤展开：识别图像中是否存在人物体征，统计人数；识别图像中人物的性别、年龄区间；识别人物的肤色、肢体器官暴露程度；识别人物的肢体轮廓，分析动作行为。除了图像识别之外，还可以从音频信息中提取关键特征，判断是否存在敏感信息；实时分析弹幕文本内容，判断当前视频是否存在违规行为，动态调节图像采集频率。

此外，在自动驾驶、交通、工业化生产线、产品缺陷检测、食品检测、教育、古玩等行业中，图像识别也有不同程度的应用。图像识别在自动驾驶汽车的发展中发挥着重要作用。配备先进图像识别技术的汽车将能够实时分析其环境，检测和识别障碍物、行人和其他车辆。这将有助于防止事故发生，使驾驶更安全、更高效，如图3-7所示。

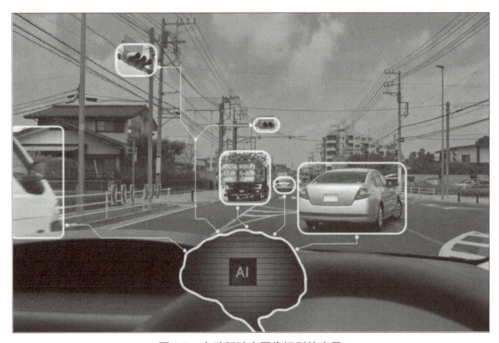

图3-7 自动驾驶中图像识别的应用

计算机的图像识别技术在公共安全、生物、工业、农业、交通、医疗等很多领域都有应用，例如：交通方面的车牌识别系统；公共安全方面的人脸识别技术、指纹识别技术；农业方面的种子识别技术、食品品质检测技术；医学方面的心电图识别技术等。随着计算机技术的不断发展，图像识别技术也在不断地优化，其算法也在不断地改进。图像是人类获取和交换信息的主要来源，因此与图像相关的图像识别技术必定也是未来的研究重点。以后计算机的图像识别技术很有可能在更多的领域崭露头角，它的应用前景也是不可限量的，人类的生活也将更加离不开图像识别技术。

3.1.4 磁卡及IC卡识别技术

磁识别技术系列产品是集译码技术、数据存储技术和通信技术结合为一体的高新技术产品，使用磁卡作为信息录入手段。

将磁卡磁条上的信息感应成相应宽度的脉冲数字信号，然后利用计算机技术，采用微处理方法对此脉冲数字信号进行接收、量化处理，然后再进行译码，解译成计算机可识读的ASCII码、键盘扫描码，利用通信技术传输给计算机。

IC卡（integrated circuit card，集成电路卡），也称智能卡、智慧卡、微电路卡或微芯片卡等，它是将一个微电子芯片嵌入标准的卡基中，做成卡片形式。

IC卡与读写器之间的通信方式可以是接触式，也可以是非接触式。根据通信接口把IC卡分成接触式IC卡、非接触式IC和双界面卡（同时具备接触式与非接触式通信接口）。

IC卡常被用于公共收费、门禁系统等领域，主要技术是在证卡载体上镶嵌（或注塑）有IC芯片，其信息容量大，还可以存储个人化信息，如照片、指纹等人体生理资料，并可以实现一卡多用。接触式IC卡技术经过多年的发展已有完善的国际标准及成熟的应用，但自身也存在着一些弱点。例如，在操作时容易污染、破损导致读写出现故障。非接触式IC卡继承了接触式IC卡的优点，改进了读写方式，克服了易损等弊端，更适合用于经常使用的证件卡。我们第二代公民身份证和公交卡都使用的是非接触式IC卡。

3.1.5 光学字符识别技术

光学字符识别技术，英文简称OCR（optical character recognition）。它是利用光学技术和计算机技术把印在或者写在纸上的文字读取出来，并转换成一种计算机能够接收、人又可以理解的格式。文字识别是计算机视觉研究领域的分支之一，目前，该技术已经比较成熟，并在商业中已经有很多落地项目。比如汉王OCR、百度OCR、阿里OCR等。我们日常生活中也经常用到OCR技术，比如：一个手机App就能帮忙扫描名片、身份证，并识别出里面的信息；汽车进入停车场、收费站不用人工登记，而是用车牌识别技术；我们看书时遇到不懂的问题，拿个手机一扫，App就能在网上帮你找到答案。总体来说，目前OCR有以下4方面的应用：

（1）文字扫描与转化：OCR技术可以扫描印刷品、书籍、文档等，将它们转化为可编辑和可搜索的电子文本。这对于数字化图书馆、档案管理和信息检索非常重要。

（2）身份识别：OCR技术被广泛应用于护照识别、驾驶证识别、身份证识别等领域。它可以帮助警察、边境控制部门和企业进行身份验证。

（3）自动化办公：OCR技术可以将纸质文件转化为可编辑的电子文档，使得信息处理更高效。它可以应用于办公环境中的自动化流程、数据录入和信息管理。

（4）手写体识别：OCR技术不仅可以识别印刷体，还可以识别手写文字。这在邮递服务、交通罚单处理和手写文书的电子化转换中很有用。

1. OCR的分类

OCR技术大体分为两类：手写体识别和印刷体识别。相对而言，印刷体识别较手写体识别要简单得多，人们能从直观上理解，印刷体大多都是规则的字体，因为这些字体都是计算机自己生成再通过打印技术印刷到纸上。OCR技术在印刷体的识别上有其独特的干扰，在印刷过程中字体很可能变得断裂或者墨水粘连，使得OCR识别异常困难。当然这些都可以通过一些图像处理的技术尽可能的还原，进而提高识别率。

手写体识别一直是OCR界一直想攻克的难关，时至今天，还有很多学者和公司在研究。为什么手写体识别这么难识别？因为人类手写的字往往带有个人特色，每个人写字的风格基本不一样，虽然人类可以读懂你写的文字，但是机器却很难。印刷体一般都比较规则，字体基本就几十种，机器学习这几十种字体并不是一件难事，但是手写体，每个人都有一种字体的话，那机器需要学习大量的字体。所以手写体的识别难度就可想而知了。

如果按识别的内容来分类，也就是按照识别的语言分类的话，那么要识别的内容将是人类的所有语言（汉语、英语、德语、法语等）。

根据要识别的内容不同，识别的难度也各不相同。中文识别，要识别的字符高达数千个，因为汉字的字形各不相同，结构非常复杂（比如带偏旁的汉字）如果要将这些字符都比较准确地识别出来，是一件相当具有挑战性的事情。但是，并不是所有应用都需要识别如此庞大的汉字集，比如车牌识别，我们的识别目标仅仅是数十个中国各省和直辖市的简称，难度就大大降低了。当然，在一些文档自动识别的应用中是需要识别整个汉字集的，所以要保证识别的整体还是很困难的。简单来看，识别数字是最简单了，它所要识别的字符只有0~9。

2. OCR工作流程

假如输入系统的图像是一页文本，那么识别的第一步是判断页面上的文本朝向，有的文档可能带有倾斜或者污渍，那么第一步就是进行图像预处理，做角度矫正和去噪。然后要对文档版面进行分析，对每一行进行行分割，把每一行的文字切割下来，再对每一行文本进行列分割，切割出每个字符，将该字符送入训练好的OCR识别模型进行字符识别，得到结果。但是模型识别结果往往是不太准确的，需要对其进行识别结果的矫正和优化，比如我们可以设计一个语法检测器，去检测字符的组合逻辑是否合理。比如，单词Because，我们设计的识别模型把它识别为8ecause，那么我们就可以用语法检测器去纠正这种拼写错误，并用B代替8并完成识别矫正。这样，整个OCR流程就走完了。

从大的模块总结而言，一套OCR识别的基本流程可以分为"版面分析→预处理→行列切割→字符识别→后处理识别矫正"等几个阶段。具体的识别流程如图3-8所示。

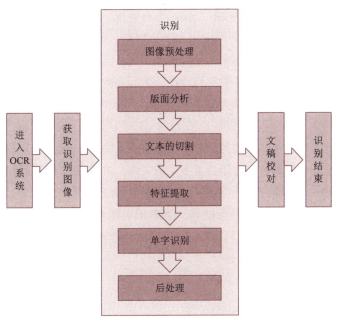

图 3-8 OCR 工作流程图

一般情况下，送入OCR模块的图像越清晰，即预处理做得越好，识别效果往往就越好。

3．OCR识别关键技术

（1）图像输入：要进行OCR识别，第一步就是采集所要识别的图像，可以是名片、身份证、护照、行驶证、驾驶证、公文、文档等，然后将图像输入到识别核心区域。

（2）对图像进行预处理：此过程包含二值化（像素）、去噪、倾斜度矫正等。图3-9所示为去噪前后的对比。

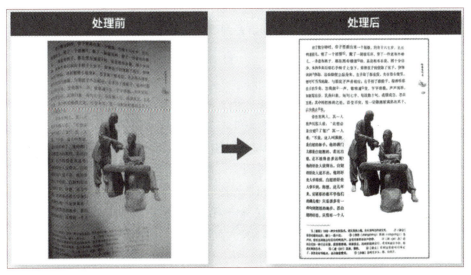

图 3-9 去噪对比

（3）版面分析：将所要识别的文档分段、分行处理。

（4）字符切割：此步骤需要字符定位和字符切割，定位出字符串的边界，然后分别对字符串进行单个切割，单个分割出来的字符再做识别。

（5）字符特征提取：提取需要的字符特征，为后面的识别提供依据。

（6）字符识别：将当前字符提取的特征向量与特征模板库进行模板粗分类和模板细匹配，识别出字符。

（7）版面复原：将识别结果按照原来的版面排班，输出Word或PDF格式的文档。

（8）后处理校正：根据特定的语言上下文的关系，对识别结果进行较正。

实际上，衡量一个OCR系统性能好坏的主要指标有拒识率、误识率、识别速度、用户界面的友好性、产品的稳定性及可行性等。OCR识别核心已被广泛应用，经过数以万计的测试、训练，它已成功实现了车牌识别、护照识别、行驶证识别、驾驶证识别等，已经成功融入到了人们的生活中。

3.1.6 语音识别技术

语音识别技术，也被称为自动语音识别（automatic speech recognition，ASR），其目标是将人类的语音中的词汇内容转换为计算机可读的输入，如按键、二进制编码或者字符序列等。目前，很多手机客户端、PC客户端都可以进行语音的录入（如讯飞语音输入法）、语音身份识别（如建行手机App语音认证）等。

语音识别其实是和计算机的发展同步的。早在1952年，贝尔实验室的Davis等人成功研究出世界上第一个能识别10个英文数字发音的实验系统。大规模的语音识别研究是始于20世纪70年代。此后，语音识别技术在孤立词和小词汇量句子的识别方面取得突破。

语音识别技术的应用包括语音拨号、语音导航、室内设备控制、语音文档检索、简单的听写数据录入等。语音识别技术与其他自然语言处理技术如机器翻译及语音合成技术相结合，可以构建出更加复杂的应用，例如语音到语音的翻译等。

1. 语音识别方法分类

语音识别的方法有三种：

（1）基于声道模型和语音知识的方法：该方法起步较早，在语音识别技术提出的开始就有了这方面的研究，但由于其模型及语音知识过于复杂，现阶段没有达到实用的阶段。

（2）模板匹配的方法：该方法发展比较成熟，目前已达到了实用阶段。在模板匹配方法中，要经过四个步骤：特征提取、模板训练、模板分类、判决。常用的技术有三种：动态时间规整（DTW）、隐马尔可夫（HMM）理论、矢量量化（VQ）技术。

（3）人工神经网络的方法：利用人工神经网络的方法是20世纪80年代末期提出的一种新的语音识别方法。人工神经网络（ANN）本质上是一个自适应非线性动力学系统，模拟了人类神经活动的原理，具有自适应性、并行性、鲁棒性、容错性和学习特性，其强大的分类能力和输入输出映射能力在语音识别中都很有吸引力。但由于存在训练、识别时间太长的缺点，目前仍处于实验探索阶段。由于ANN不能很好地描述语音信号的时间动态特性，所以常把ANN与传统识别方法结合，分别利用各自优点来进行语音识别。

2．语音识别系统组成

一个完整的基于统计的语音识别系统可大致分为三个部分：

（1）语音信号预处理与特征提取。选择识别单元是语音识别的第一步，语音识别单元有单词（句）、音节和音素三种。语音识别一个根本的问题是合理地选用特征。特征参数提取的目的是对语音信号进行分析处理，去掉与语音识别无关的冗余信息，获得影响语音识别的重要信息，同时对语音信号进行压缩。

（2）声学模型与模式匹配。声学模型通常是将获取的语音特征使用训练算法进行训练后产生。在识别时将输入的语音特征同声学模型（模式）进行匹配与比较，得到最佳的识别结果。

（3）语言模型与语言处理。语言模型包括由识别语音命令构成的语法网络和由统计方法构成的语言模型，语言处理可以进行语法、语义分析。

3．语音识别技术的应用

1）智能家居

随着物联网技术和人工智能语音识别技术的发展，智能家居已经成为了人们生活中的一部分。我们可以通过语音指令控制智能家居中的各种设备，让我们的生活变得更加便利，同时也节能环保。

例如，通过语音指令打开门锁、控制灯光和升温调节空调，使得人们在回家时可以无须手动操作设备，直接将控制权交给智能家居即可。

另外，人工智能语音识别技术还可以让我们通过语音指令来使用家电，比如智能电视、无人机和智能音响等，只需对着设备说出你要播放的歌曲、电影或是指令，就能快速实现你的需求，这让我们的生活变得更加智能化和高效。

2）医疗保健

随着人口老龄化和健康意识的不断提高，医疗保健领域也迎来了智能化革命。人工智能语音识别技术在医疗保健领域的应用越来越广泛。

例如，智能手机的语音识别技术可以帮助医生准确记录病史、病情和治疗方案，从而帮助他们快速做出正确的诊断和治疗。这种技术不仅使医生的工作更加高效，而且能够大大提高病人的治疗质量和满意度。

另外，人工智能语音识别技术还可以用于医疗保健机构的管理。例如，医院可以使用语音识别技术来管理医生和员工的日程安排、病人就诊情况和药物储备情况等信息。这有助于实现医疗保健机构的高效运作和平衡资源的分配。同时，智能语音识别技术还可以用于语音助手和虚拟医生等医疗服务，让病人能够更轻松地获取医疗保健知识和服务，并更好地管理自己的健康。

3）安防

在安防领域，人工智能语音识别技术的应用可以大大提高安全性。语音识别技术可以帮助人们识别身份并控制物品的访问权限，以保护家庭、企业和其他场所的安全。

这项技术可以被用于手持设备、智能手机、智能家居系统等，并与安全摄像头等设备集成在一起。

在家庭环境中，智能语音识别技术可以帮助家庭成员识别彼此的声音，从而降低被盗的风险。当有陌生人进入家庭环境时，系统能够自动触发警报，通知有关人员或警方。

此外，语音识别技术还可以配合智能门锁等设备，从而方便用户通过语音指令来开锁。这种用途可以使得人们的生活变得更加安全、方便和智能化。

除了家庭，企业环境中人工智能语音识别技术也有广泛应用。例如，在大型办公室、商场和其他公共场合安装智能语音识别设备，可以帮助管理人员更好地掌握设备使用情况和保护重要信息的安全性。

此外，语音识别技术还可以帮助安保人员对客户和访客进行身份识别，从而保障整个机构和人员的安全。

4）教育

在教育领域，人工智能语音识别技术也有着广泛的应用。语音识别技术可以被用在教室里来帮助老师和学生更好地交流，同时促进学生的口语表达和听力能力的提升。

例如，学生可以通过智能语音识别技术来记录老师在课堂上的讲解，并以此作为复习和学习的资料。另外，有些教育学者和技术公司利用人工智能语音识别技术来研究儿童语音发展和语言学习。

除此之外，人工智能语音识别技术还可以被用来制作教育工具，例如语音教练或语音学习应用程序，以帮助学生更好地掌握口语技能。在语言类课程中，学生可以使用语音识别技术来练习口语，改进发音和语气，并提高听力水平。

总之，人工智能语音识别技术在教育领域中的应用将会越来越广泛。它不仅可以帮助学生提高口语能力，还能够为教育行业带来更多有用的创新。

3.2 感知技术

感知世界、物联万物

感知技术是物联网体系结构中感知层的核心技术之一，作为物联网中信息获取的重要手段，感知技术与通信技术和计算机技术一起构成信息技术的三大支柱。目前，感知技术中主要包含传感器技术、生物识别技术、定位技术等。

3.2.1 传感器技术

1. 传感器的概念

传感器在国家标准GB/T 7665—2005中的定义是："能感受规定的被测量件并按照一定的规律（数学函数法则）转换成可用信号的器件或装置，通常由敏感元件和转换元件组成。"

国际电工委员会对传感器的定义为："传感器是测量系统中的一种前置部件，它将输入变量转换成可供测量的信号。"

传感器在新韦式大词典中定义为："从一个系统接收功率，通常以另一种形式将功率送到第二个系统中的器件。"

从上述定义可以看出，传感器是一种把特定的被测信息（包括物理量、化学量等）按一定规律转换成某种可用信号输出的器件或装置，其实质是信号在不同能量形式之间的转换。这里的"可用信号"是指便于处理、传输的信号。目前，传感器转换后的信号大多为电信号，因此，从狭义角度，传感器是一种能将外界非电信号转换成电信号输出的器件。而从广义角度，则可认为传感器是在电子检测控制设备输入部分中起检测信号作用的器件。

传感器的基本特性包括静态特性和动态特性。传感器的静态特性是指对于静态的输入信号，传感器的输出量与输入量之间的相互关系，其主要参数包括线性度、灵敏度、重复性、迟滞性、稳定性、漂移、静态误差等。因为输入量和输出量都和时间无关，所以它们之间的关系，即传感器的静态特性可用一个不含时间变量的代数方程来描述，或以输入量作横坐标，把与其对应的输出量作纵坐标而画出的特性曲线来描述。动态特性指传感器在输入变化时的输出特性，常用传感器对某些标准输入信号的响应来表示，最常用的标准输入信号包括阶跃信号和正弦信号，所以传感器的动态特性常用阶跃响应和频率响应来表示。

人们为了从外界获取信息，必须借助于感觉器官，相应的，物联网为了收集各种信息，也需要借助于各种传感器，两者在功能上存在着一定的对应关系：

视觉——光敏传感器

听觉——声敏传感器

嗅觉——气敏传感器

味觉——化学传感器

触觉——压敏、温敏、流体传感器

此外，传感器在一些方面比人的感觉功能优越，例如人类没有能力感知紫外或红外线辐射，感觉不到电磁场、无色无味的气体等。

2．传感器的组成

如图3-10所示，传感器一般由以下四个部分组成：敏感元件、转换元件、信号调节转换电路和辅助电源。其中，敏感元件是指直接感受被测量并按一定规律转换成与被测量有一定关系的易于变换成电量的其他量的元件。转换元件，又称变换器，是传感器的核心，指能将敏感元件感受到的非电量转换成适于传输或测量的电信号的部分。信号调节转换电路对转换元件输出的电量进行放大、运算调制等处理，将其变成便于显示、记录、控制和处理的有用电信号，包括电桥电路、高阻抗输入电路、脉冲调宽电路、振荡电路等。辅助电源则用于对上述部分进行供电。

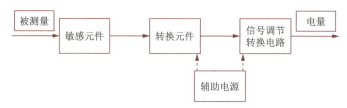

图 3-10 传感器的组成

在上述四个部分中,敏感元件和转换元件是传感器的核心部分。不同的传感器其组成往往并不相同,并非所有传感器都包括这四个部分。例如:热电偶只有敏感元件,感受被测量时直接输出电动势;压电式加速度传感器由敏感元件和转换元件组成,没有信号调节转换电路;电容式位移传感器由敏感元件和信号调节转换电路组成,没有转换元件。

3. 传感器的分类

传感器的分类种类繁多,根据不同的方式有不同的分类,下面介绍几种常见的分类:

1)按测量对象分类

根据被测对象进行分类,如被测对象分别为温度、压力时,则相应的传感器称为温度传感器、压力传感器。

这种分类方法把种类最多的物理量分为基本量和派生量两大类。例如力可视为基本物理量,从力可派生出压力、重量,应力、力矩等派生物理量。当我们需要测量上述物理量时,只要采用力传感器就可以了。所以了解基本物理量和派生物理量的关系,对于用何种传感器是很有帮助的。

这种分类方法明确地说明了传感器的用途,给使用者提供了方便,容易根据测量对象来选择所需要的传感器,缺点是这种分类方法将原理互不相同的传感器归为一类,因此,对掌握传感器的一些基本原理及分析方法是不利的。

2)按工作原理分类

工作原理指传感器工作时所依据的物理效应、化学效应和生物效应等机理。按工作原理分类,可分为电阻式、电容式、电感式、压电式、电磁式、磁阻式、光电式、压阻式、热电式、核辐射、半导体式传感器等。

这种分类方法的优点是便于从业人员从原理与设计上进行分析研究,避免了传感器的名目过于繁多,缺点是用户选用传感器时会感到不够方便。

3)按传感器的结构参数在信号变换过程中是否发生变化分类

按传感器的结构参数在信号变换过程中是否发生变化,可分为物性型传感器和结构型传感器。

(1)物性型传感器:在实现信号变换的过程中,结构参数基本不变,而是利用某些物质材料(敏感元件)本身的物理或化学性质的变化而实现信号变换。这种传感器一般没有可动结构部分,易小型化,故也被称作固态传感器,它是以半导体、电介质、铁电体等作为敏感材料的固态器件,例如热电偶、压电石英晶体、热电阻以及各种半导体传感器。

(2)结构型传感器:依靠传感器机械结构的几何形状或尺寸的变化而将被测量转换成

相应的电阻、电感、电容等物理量的变化，从而实现信号变换，例如电容式、电感式、应变片式传感器。

4）按输出信号的性质分类

按输出信号的性质，传感器可分为以下几类：

（1）模拟传感器：将被测非电量转换成连续变化的电压或电流。

（2）数字传感器：能直接将非电量转换为数字量，可以直接用于数字显示和计算，可直接配合计算机，具有抗干扰能力强、适宜长距离传输等优点。

（3）膺数字传感器：将被测量的信号量转换成频率信号或短周期信号的输出（包括直接或间接转换）。

（4）开关传感器：当一个被测量的信号达到某个特定的阈值时，传感器相应地输出一个设定的低电平或高电平信号。

5）按传感器与被测对象是否接触分类

按传感器与被测对象是否接触，可分为接触式传感器和非接触式传感器。

（1）接触式传感器的优点是传感器与被测对象视为一体，传感器的标定无须在使用现场进行，缺点是传感器与被测对象接触会对被测对象的状态或特性不可避免地产生或多或少的影响，非接触式则没有这种影响。

（2）非接触式传感器可以避免因传感器介入而使被测量受到影响，提高测量的准确性，同时还可使传感器的使用寿命增加。但是非接触式传感器的输出会受到被测对象与传感器之间介质或环境的影响，因此传感器标定必须在使用现场进行。

6）按是否需要外接能源分类

按是否需要外接能源，可分为能量转换型传感器和能量控制型传感器。

（1）能量转换型（有源式）：在进行信号转换时不需要另外提供能量，直接由被测对象输入能量，把输入信号能量变换为另一种形式的能量输出使其工作。有源传感器类似一台微型发电机，它能将输入的非电能量转换成电能输出，传感器本身无须外加电源，信号能量直接从被测对象取得，例如电磁式、电动式、热电偶传感器等。

（2）能量控制型（无源式）：在进行信号转换时，需要先供给能量即从外部供给辅助能源使传感器工作。对于无源传感器，被测非电量只是对传感器中的能量起控制或调制作用，得通过测量电路将它变为电压或电流量，然后进行转换、放大，以推动指示或记录仪表。例如电阻式、电容式、电感式、涡流式传感器等。

7）按传感器构成分类

（1）基本型传感器：是一种最基本的单个变换装置。

（2）组合型传感器：是由不同单个变换装置组合而成的传感器。

（3）应用型传感器：是基本型传感器或组合型传感器与其他机构组合而成的传感器。

例如，热电偶是基本型传感器，把它与红外线辐射转为热量的热吸收体组合成红外线辐射传感器，则是一种组合传感器，把这种组合传感器应用于红外线扫描设备中，就是一种应用型传感器。

8）按作用形式分类

按作用形式可分为主动型传感器和被动型传感器。

（1）主动型传感器对被测对象能发出一定的探测信号，能检测探测信号在被测对象中所产生的变化，或者由探测信号在被测对象中产生某种效应而形成信号。主动型传感器分为作用型和反作用型，传感器检测探测信号变化方式的称为作用型，检测产生响应而形成信号方式的称为反作用型。例如，雷达与无线电频率范围探测器是作用型，光声效应分析装置与激光分析器是反作用型。

（2）被动型传感器只是接收被测对象本身产生的信号，例如红外辐射温度计、红外摄像装置等。

4．常用传感器

在物联网时代，传感器肩负起了"五官"的使命，感知万物。当前传感器发展处于多领域全面开花状态，种类繁多，功能各异。下面介绍几种在物联网应用中较为常用的传感器。

1）温度传感器

温度传感器使用范围广，数量多，是物联网中的一种常用传感器。温度传感器的发展大致经历了以下三个阶段：传统的分立式传感器、模拟集成，以及新型的智能温度传感器。新型温度传感器正向智能化及网络化的方向发展。

凡是需要对温度进行持续监控、达到一定要求的地方都需要温度传感器。在智能家居中，温度传感器常用于探测室内温度变化。它能感受温度并转换成可用输出信号。当温度高时，空调开端制冷，当温度低时，空调开端制热。实际使用过程中，使用到温度传感器的地方也经常会使用到湿度传感器，同时装两个很不方便也很占地方，所以两者经常集成在一起，形成温湿度传感器。

温度传感器按传感器与被测对象的接触方式可分为两大类：一类是接触式温度传感器，另一类是非接触式温度传感器。

接触式温度传感器的测温元件与被测对象要有良好的热接触，通过热传导及对流原理达到热平衡，这时的显示值即为被测对象的温度。这种测温方法精度比较高，并可测量物体内部的温度分布。但对于运动的、热容量比较小的及对感温元件有腐蚀作用的对象，这种方法将会产生很大的误差。

非接触测温的测温元件与被测对象互不接触，常用的是辐射热交换原理。此种测温方法的主要特点是可测量运动状态的小目标及热容量小或变化迅速的对象，也可测温度场的温度分布，但受环境的影响比较大。

温度传感器在食品方面发挥了重要作用，例如食品厂对食品进行加工的过程中需要在不同时段的不同温度下混合各种原材料进行不同程度的翻炒，因此用温度传感器进行温度检测并在必要的时候进行报警，对作料的质量的好坏有着至关重要的影响；温度传感器在消费品方面也占据着一席之地，特别是在家用电器上，应用于家用空调、汽车空调、冰箱、冷柜、热水器、饮水机、暖风机、洗碗机、消毒柜、洗衣机、烘干机以及中低温干燥箱、恒温箱等场合的温度测量与控制。

2）脉搏传感器

脉搏传感器，指的是用来检测类似心率的机器，一般常见的类型主要是以光电为主，有分体式和一体式两种，发射部分采用可见光和红外光。

如图3-11所示，常用的脉搏传感器主要利用特定波长的红外线对血液变化的敏感性原理。由于心脏的周期性跳动，引起被测血管中的血液在流速和容积上的规律性变化，经过信号的降噪和放大处理，计算出当前的心跳次数。

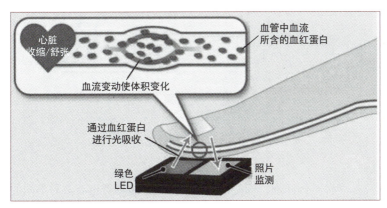

图3-11　脉搏传感器的原理

根据不同人的肤色深浅不同，同一款心律传感器发出的红外线穿透皮肤和经皮肤反射的强弱也不同，这造成了测量结果方面一定的误差。通常情况下一个人的肤色越深，则红外线就越难从血管反射回来，从而对测量误差的影响就越大。

所以大多数手环和手表测出的心率基本都不是完全准确的，但基本能正确地反映出心率变化趋势，对于普通人的运动心率监测来说已经够用。脉搏传感器主要应用在各种可穿戴设备和智能医疗器械上。

3）烟雾传感器

如图3-12所示，烟雾传感器就是通过监测烟雾的浓度来实现火灾防范的，是一种技术先进、工作稳定可靠的传感器，被成熟运用到各种消防报警系统中。烟雾传感器根据探测原理的不同，常用的有化学探测和光学探测两种。前者利用了放射性镅241元素，在电离状态下产生的正、负离子，在电场作用下定向运动产生稳定的电压和电流。一旦有烟雾进入传感器，影响了正、负离子的正常运动，使电压和电流产生了相应变化，通过计算就能判断烟雾的强弱。正常情况下光线能完全照射在光敏材料上，产生稳定的电压和电流。而一旦有烟雾进入传感器，则会影响光线的正常照射，从而产生波动的电压和电流，通过计算也能判断出烟雾的强弱。

烟雾传感器广泛应用在火情报警和安全探测等领域。主要与弱电控制系统配合使用，也是智能家居和安防主机的最佳配备产品。

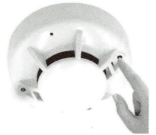 

烟雾报警器工作场景　　烟雾报警传感模块

烟雾报警器　　烟雾报警器内部

图 3-12　烟雾传感器

4）距离传感器

距离传感器有多种结构原理，即使用途相同的距离传感器也有多种不同的构造和原理。常用的测量方法称为飞行时间法。发射并测量特定的能量波束从发射到被物体反射回来的时间，由这个时间间隔来推算物体之间的距离。这个特定的能量波束可以是超声波、激光、红外光、雷达等。这种传感器的测量精度很高，可以精确测量距离。

距离传感器自投放使用以来，在社会各个应用方面都得到普及，从防盗安防产品到工业物位、料位检测，汽车防追尾预警、雾天防撞，机场空中飞鸟探测驱赶、智能化控制等。

将红外距离传感器技术应用在监控摄像机上，可以实现各种检测功能，如入侵检测，通过视频分析还可以实现其他应用，如违规停车检测、机动巡逻对象、围栏攀爬检测等。

5）角速度传感器

角速度传感器，俗称陀螺仪，是一种用来感测与维持方向的装置，基于角动量不灭的理论设计。角速度传感器的原理通俗地说，一个旋转物体的旋转轴所指的方向在不受外力影响时，是不会改变的。我们骑自行车其实也是利用了这个原理。轮子转得越快越不容易倒，因为车轴有一股保持水平的力量。人们根据这个道理制造出角速度传感器，用多种方法读取轴所指示的方向，并自动将数据信号传给控制系统。

单轴的角速度传感器只能测量单一方向的改变，因此一般的系统要测量 X、Y、Z 轴三个方向的改变，就需要三个单轴的角速度传感器。目前一个通用的三轴角速度传感器就能替代三个单轴的传感器，而且还有体积小、重量轻、结构简单、可靠性好等诸多优点，因此各种形态的三轴角速度传感器是目前主要的发展趋势。

最常见的角速度传感器使用场景是手机，如赛车类手游就是通过角速度传感器的作用产生汽车左右摇摆的交互模式。除了手机，角速度传感器还被广泛应用在 AR/VR 以及无人机领域。

实际使用过程中,使用到角速度传感器的地方也经常会使用到加速度传感器。加速度传感器有两种:一种是角加速度传感器,由角速度传感器改进而成;另一种是线加速度传感器。在要求相对不高的场合,一个角速度传感器,可以做到既能测量倾角,也可以测量加速度。

6)气压传感器

气压传感器是一种能够测量绝对大气压强的元件,主要是通过敏感元件将大气压转换成可被电路处理的电量值。大气层就如同裹在地球表面上的"被子",大气压是由空气的重力产生的,在不同的海拔高度时,大气压强也会随之发生变化。气压传感器除了直接测量气压的大小外,另外一个作用就是间接地对海拔高度进行测量。

很多空气的气压传感器的主要部件为变容硅膜盒。当该变容硅膜盒外界大气压力发生变化时顶针动作,单晶硅膜盒随着发生弹性变形,从而引起硅膜盒平行板电容器电容量的变化来控制气压传感器。

在应用方面,气压传感器不论是在室内还是室外环境中都能够使无人机、智能手机、可穿戴设备以及其他移动设备精准地识别高度变化。

知识拓展:我们每天使用的智能手机中就配备了不少的传感器。如:重力传感器可以感受手机在变换姿势时重心的变化,从而实现手机横竖屏切换、翻转静音等功能;光线传感器可以根据光线强度自动调整屏幕亮度以适应人眼;加速度传感器可以监测手机拍照时手部的抖动,并根据这些抖动自动调节摄像头的聚焦;陀螺仪可以测量沿一个轴或几个轴运动的角速度,以判别手机的运动状态,从而跟踪并捕捉手机在三维空间的完整运动,多应用在一些大型的手机射击游戏中。

更多智能手机中的传感器知识,请扫描二维码。

3.2.2 生物识别技术

在当今信息化时代,如何准确鉴定一个人的身份、保护信息安全已成为一个必须解决的关键社会问题。传统的身份认证由于极易伪造和丢失,越来越难以满足社会的需求,目前最为便捷与安全的解决方案无疑就是生物识别技术。它不但简洁快速,而且利用它进行身份认定安全、可靠、准确。同时更易于配合计算机和安全、监控、管理系统整合,实现自动化管理。由于其广阔的应用前景、巨大的社会效益和经济效益,已引起各国的广泛关注和高度重视。

每个个体都有唯一的可以测量或可自动识别和验证的生理特性或行为方式,即生物特征。它可划分为生理特征(如指纹、面像、虹膜、掌纹等)和行为特征(如步态、声音、笔迹等)。生物识别就是依据每个个体之间独一无二的生物特征对其进行识别与身份的认证,其主要内容是生物识别技术和生物识别系统。

生物识别技术(biometric identification technology)是指利用人体生物特征进行身份认

传感器技术

传感器技术应用

证的一种技术。更具体一点，生物识别技术就是通过计算机与光学、声学、生物传感器和生物统计学原理等高科技手段密切结合，利用人体固有的生理特性和行为特征来进行个人身份的鉴定。

生物识别系统是对生物特征进行取样，提取其唯一的特征并且转化成数字代码，并进一步将这些代码组合而成的特征模板。人们同识别系统交互进行身份认证时，识别系统获取其特征并与数据库中的特征模板进行比对，以确定是否匹配，从而决定接受或拒绝该人。

1. 指纹识别技术

指纹是指人的手指末端正面皮肤上凸凹不平产生的纹线。纹线有规律地排列形成不同的纹型。纹线的起点、终点、结合点和分叉点，称为指纹的细节特征点（minutiae）。由于其具有个体差异性、终身不变性，在当前很多物联网设备中指纹技术被用来进行身份识别等功能。如手机可以通过指纹完成解锁、代替功能键、刷银行卡身份验证等，笔记本电脑和智能门锁也可以用指纹来验证身份进行开机或开门等操作，如图3-13所示。目前，指纹识别技术也是生物特征识别领域的较为广泛的应用之一。

手机屏幕指纹识别　　手机按键指纹识别　　笔记本电脑指纹识别　　门锁指纹识别

图3-13　指纹识别

生物特征传感器是一种将个人的生物特征转换成电信号的设备。生物特征传感器通常是半导体设备，可以使用复杂的算法处理来自个人身体特征的图像。生物特征传感器扫描人的许多身体特征，例如面部、虹膜、指纹等，并使用模数转换器将其转换为数字图像。该人的数字信息存储在存储器中，并用于验证其身份。

指纹识别和指纹传感器也许是最常用和最受欢迎的生物识别形式。指纹识别是最早的生物识别技术之一，并且易于捕获和验证。基于指纹的识别和验证需要指纹图案的多个特征，例如指纹的脊和谷。一个重要的指纹图案是称为minutiae的脊的特征。根据指纹脊，共有三种指纹模式，分别为环形、拱和螺纹。

用于捕获指纹图案数字图像的设备称为"指纹传感器"。对捕获的图像进行处理，以创建具有提取特征的数字模板。该模板存储在数据库中以进行匹配。

指纹识别系统的工作过程如图3-14所示，通过指纹采集设备获取所需识别指纹的图像，对采集的指纹图像进行预处理，从预处理后的图像中获取指纹的脊线数据，从指纹的脊线数据中提取指纹识别所需的特征点，将提取指纹特征（特征点的信息）与数据库中保存的指纹特征逐一匹配，判断是否为相同指纹，完成指纹匹配处理后，输出指纹识别的处理结果。

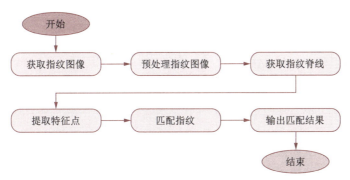

图 3-14 指纹识别系统的工作过程

指纹识别技术的主要优点为：

（1）指纹是人体独一无二的特征，并且它们的复杂度足以提供用于鉴别的足够特征。

（2）如果要增加可靠性，只需登记更多的指纹、鉴别更多的手指，最多可以多达十个，而每一个指纹都是独一无二的。

（3）扫描指纹的速度很快，使用非常方便。

（4）读取指纹时，用户必须将手指与指纹采集头相互接触，与指纹采集头直接接触是读取人体生物特征最可靠的方法。

（5）指纹采集头可以更加小型化，并且价格会更加低廉。

指纹识别技术的主要缺点为：

（1）某些人或某些群体的指纹特征少，难成像。

（2）过去因为在犯罪记录中使用指纹，使得某些人害怕"将指纹记录在案"。实际上现在的指纹识别技术都可以不存储任何含有指纹图像的数据，而只是存储从指纹中得到的加密的指纹特征数据。

（3）每一次使用指纹时都会在指纹采集头上留下用户的指纹印痕，而这些指纹痕迹存在被用来复制指纹的可能性。

（4）指纹是用户的重要个人信息，某些应用场合用户担心信息泄露。

2. 人脸识别技术

人脸识别技术是指利用分析比较的计算机技术识别人脸。人脸识别是当前一项热门的计算机技术研究领域，其中包括人脸追踪侦测、自动调整影像放大、夜间红外侦测、自动调整曝光强度等技术。

人脸识别技术是基于人的脸部特征，对输入的人脸图像或者视频流进行判断。首先判断是否存在人脸，如果存在人脸，则进一步给出每个脸的位置、大小和各个主要面部器官的位置信息。捕获面部图像后，使用普通相机进行可见光捕获，或者使用 IR 相机进行加热，然后对图像进行处理并提取出来以进行面部生物识别，并依据这些信息，进一步提取每个人脸中所蕴涵的身份特征，并将其与已知的人脸进行对比，从而识别每个人脸的身份。一些高端智能手机结合使用红外摄像头、红外光和投光器来捕获面部图像。

广义的人脸识别实际包括构建人脸识别系统的一系列相关技术，包括人脸图像采集、人脸定位、人脸识别预处理、身份确认以及身份查找等；而狭义的人脸识别特指通过人脸进行身份确认或者身份查找的技术或系统。

人脸识别技术包含三个部分：

（1）人脸检测。人脸检测是指在动态的场景与复杂的背景中判断是否存在面像，并分离出这种面像。一般有参考模板法、人脸规则法、样品学习法、肤色模型法、特征子脸法等。

（2）人脸跟踪。人脸跟踪是指对被检测到的面貌进行动态目标跟踪。具体采用基于模型的方法或基于运动与模型相结合的方法。此外，利用肤色模型跟踪也不失为一种简单而有效的手段。

（3）人脸比对。人脸比对是对被检测到的面像进行身份确认或在面像库中进行目标搜索。这实际上就是说将采样到的面像与库存的面像依次进行比对，并找出最佳的匹配对象。所以，面像的描述决定了面像识别的具体方法与性能。

人脸识别系统主要包括四个组成部分，分别为人脸图像采集及检测、人脸图像预处理、人脸图像特征提取以及匹配与识别，其工作流程如图3-15所示。

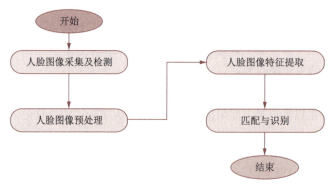

图 3-15 人脸识别系统工作流程

3. 视网膜识别技术

视网膜是一些位于眼球后部十分细小的神经（1英寸的1/50，1英寸=2.54 cm），它是人眼感受光线并将信息通过视神经传给大脑的重要器官，它同胶片的功能有些类似，用于生物识别的血管分布在神经视网膜周围，即视网膜四层细胞的最远处。视网膜扫描是采用低密度的红外线去捕捉视网膜的独特特征，血液细胞的唯一模式就因此被捕捉下来。视网膜扫描设备要获得视网膜图像，使用者的眼睛与录入设备的距离应在半英寸之内，并且在录入设备读取图像时，眼睛必须处于静止状态。虽然视网膜扫描的技术含量较高，但视网膜扫描技术可能是最古老的生物识别技术，在20世纪30年代，通过研究就得出了人类眼球后部血管分布唯一性的理论，进一步的研究表明，即使是孪生子，这种血管分布也是具有唯一性的，除了患有眼疾或者严重的脑外伤外，视网膜的结构形式在人的一生当中都相当稳定。

视网膜识别技术的优点主要有：

(1) 视网膜是一种极其固定的生物特征，不磨损、不老化、不受疾病影响。

(2) 使用者无须和设备直接接触。

(3) 是一个最难欺骗的系统，因为视网膜不可见，所以不会被伪造。

缺点主要有：

(1) 未经测试。

(2) 激光照射眼球的背面可能会影响使用者健康，这需要进一步的研究。

(3) 对消费者而言，视网膜技术没有吸引力。

(4) 很难进一步降低成本。

4．虹膜识别技术

虹膜识别技术是基于眼睛中的虹膜进行身份识别，应用于安防设备（如门禁等），以及有高度保密需求的场所。

人的眼睛结构由巩膜、虹膜、瞳孔晶状体、视网膜等部分组成。虹膜是位于黑色瞳孔和白色巩膜之间的圆环状部分，其包含有很多相互交错的斑点、细丝、冠状、条纹、隐窝等细节特征。而且虹膜在胎儿发育阶段形成后，在整个生命历程中将是保持不变的。这些特征决定了虹膜特征的唯一性，同时也决定了身份识别的唯一性。因此，可以将眼睛的虹膜特征作为每个人的身份识别对象。

眼睛的虹膜是瞳孔周围的有色区域，也是人的独特特征。具体而言，人的眼睛的虹膜图案是独特的。因此，基于虹膜的识别和验证是常用的生物识别技术之一。虹膜扫描仪是用于基于视频的图像采集过程中捕获虹膜图案的设备。

虹膜识别技术的过程一般来说包含如下四个步骤：

(1) 虹膜图像获取使用特定的摄像器材对人的整个眼部进行拍摄，并将拍摄到的图像传输给虹膜识别系统的图像预处理软件。

(2) 图像预处理对获取到的虹膜图像进行如下处理，使其满足提取虹膜特征的需求：

- 虹膜定位：确定内圆、外圆和二次曲线在图像中的位置。其中，内圆为虹膜与瞳孔的边界，外圆为虹膜与巩膜的边界，二次曲线为虹膜与上下眼皮的边界。

- 虹膜图像归一化：将图像中的虹膜大小调整到识别系统设置的固定尺寸。

- 图像增强：针对归一化后的图像进行亮度、对比度和平滑度等处理，提高图像中虹膜信息的识别率。

(3) 特征提取采用特定的算法从虹膜图像中提取出虹膜识别所需的特征点，并对其进行编码。

(4) 特征匹配将特征提取得到的特征编码与数据库中的虹膜图像特征编码逐一匹配，判断是否为相同虹膜，从而达到身份识别的目的。

虹膜识别技术主要有以下优点：

- 稳定性好，人三岁以后虹膜发育成熟，终身不变。

- 防伪性好，不易被外界获取，需要专业镜头捕捉。

- 不需要物理的接触。
- 可靠性高，可能会是最可靠的生物识别技术。

缺点主要有：

- 很难将图像获取设备的尺寸小型化。
- 设备造价高，无法大范围推广。
- 依赖光学设备，镜头可能产生图像畸变而使可靠性降低，外部光线也对识别有一定的影响。
- 亚洲人和非洲人的虹膜是黑色或者棕色，而且纹理少、表面色素多，因此难识别。
- 一般人眼和设备要保持在20～40 cm，用户交互效果并不很好。

知识拓展：根据数据显示，2022年全球生物识别系统的支出由2021年的286亿美元增长到339亿美元，同比增长了18.5%。预计到2028年将增长至874亿美元，复合年增长率达到惊人的17.36%。2022年中国生物识别技术行业市场规模增长至400亿元，同比增长22.7%。预计到2026年，中国生物识别技术行业市场规模将达到980亿元。

更多生物识别技术，请扫描二维码。

生物识别技术

3.2.3 定位技术

随着物联网应用的不断普及，定位技术的应用如雨后春笋般出现在人们的生活中，特别是随着智能手机应用的普及，手机App的定位给我们的生活带来了很多的便利，当然，我们也看到，定位技术也给人们的隐私带来了很大挑战。

目前基于位置的服务主要有：

（1）自动导航。该服务可以给用户提供到达目的地的最优路径，如高德导航、百度地图等。

（2）搜索周边服务信息。该服务可以提供指定位置的服务信息，如酒店、餐饮、娱乐场所等信息，典型的应用如大众点评、支付宝等。

（3）基于位置的社交网络。该服务可以提供在指定位置附近使用相同社交网络应用的用户信息，典型的应用如微信的摇一摇功能。

应该说，位置信息与我们的生活息息相关，位置信息不是单纯的"位置"，它包含地理位置（空间坐标）、处在该位置的时刻（时间坐标）、处在该位置的对象（身份信息）三个方面。

目前，主流的定位技术有卫星定位（如GPS、北斗）、蜂窝基站定位、无线室内环境定位、RFID定位等。

1. 卫星定位技术

卫星定位是指利用卫星和接收机的双向通信来确定接收机的位置，可以实现全球范围内实时为用户提供准确的位置坐标及相关的属性特征。如果采用差分技术，其精度甚至可以达到米级。

目前各国的卫星定位系统如下：
- 美国：GPS定位系统。
- 俄罗斯：GLONASS定位系统。
- 欧盟：伽利略定位系统。
- 中国：北斗一号（区域）、北斗二号、三号（全球）定位系统。

目前，GPS是世界上最常用的卫星导航系统，随着我国北斗定位系统的不断成熟，我国在越来越多的定位系统应用中将逐渐使用北斗系统。

卫星定位的基本原理是：围绕地球运转的人造卫星连续向地球表面发射经过编码调制的连续波无线电信号，编码中载有卫星信号准确的发射信号，以及不同时间卫星在空间的准确位置（星历）。载于海陆空各类运载体上的卫星导航接收机在接收到卫星发出的无线电信号后，如果它们有与卫星钟准确同步的时钟，便能测量出信号的到达时间，从而能算出信号在空间的传播时间。再用这个传播时间乘以信号在空间的传播速度，便能求出接收机与卫星之间的距离，然后综合多颗卫星的数据就可知道接收机的具体位置。

2．移动蜂窝定位技术

移动蜂窝定位技术主要利用移动运营商建立的大量移动通信基站，利用通信基站的固定位置信息来判断移动用户的位置信息，这在一定程度上降低了移动定位的成本，也增强了移动通信功能的实用性。

移动通信基站定位从定位计算的原理上大致可以分为三种类型：基于三角关系和运算的定位技术、基于场景分析的定位技术和基于临近关系的定位技术。

（1）基于三角关系和运算的定位技术。该定位技术根据测量得出的数据，利用几何三角关系计算被测物体的位置，它是最主要的也是应用最为广泛的一种定位技术。基于三角关系和运算的定位技术可以细分为两种：基于距离测量的定位技术和基于角度测量的定位技术。

（2）基于场景分析的定位技术。此定位技术对定位的特定环境进行抽象和形式化，用一些具体的、量化的参数描述定位环境中的各个位置，并用一个数据库把这些信息集成在一起。观察者根据待定位物体所在位置的特征查询数据库，并根据特定的匹配规则确定物体的位置。由此可以看出，这种定位技术的核心是位置特征数据库和匹配规则，它本质上是一种模式识别方法。

（3）基于临近关系的定位技术。该定位技术原理是：根据待定位物体与一个或多个已知位置的临近关系来定位。这种定位技术通常需要标识系统的辅助，以唯一的标识来确定已知的各个位置。这种定位技术最常见的例子是移动蜂窝通信网络中的Cell ID。

3．无线室内定位技术

卫星定位技术与移动蜂窝定位技术主要是户外实现定位的技术，对于室内来说，卫星的信号很弱甚至没有，移动通信信号也会因为室内的复杂环境而不适合用于室内的定位。

目前，常见的室内无线定位技术还有Wi-Fi、蓝牙、红外线、超宽带、RFID、ZigBee和超声波等。

1）Wi-Fi定位技术

通过无线接入点（包括无线路由器）组成的无线局域网络（WLAN），可以实现复杂环境中的定位、监测和追踪任务。它以网络节点（无线接入点）的位置信息为基础和前提，采用经验测试和信号传播模型相结合的方式，对已接入的移动设备进行位置定位，最高精确度大约在 1~20 m 之间。如果定位测算仅基于当前连接的 Wi-Fi 接入点，而不是参照周边 Wi-Fi 的信号强度合成图，则 Wi-Fi 定位就很容易存在误差（例如：定位楼层错误）。

另外，Wi-Fi 接入点通常都只能覆盖半径 90 m 左右的区域，而且很容易受到其他信号的干扰，从而影响其精度，定位器的能耗也较高。

2）蓝牙定位技术

蓝牙通信是一种短距离低功耗的无线传输技术，在室内安装适当的蓝牙局域网接入点后，将网络配置成基于多用户的基础网络连接模式，并保证蓝牙局域网接入点始终是这个微网络的主设备。这样通过检测信号强度就可以获得用户的位置信息。

蓝牙定位主要应用于小范围定位，例如单层大厅或仓库。对于持有集成了蓝牙功能的移动终端设备，只要设备的蓝牙功能开启，蓝牙室内定位系统就能够对其进行位置判断。

但对于复杂的空间环境，蓝牙定位系统的稳定性稍差，受噪声信号干扰大。

3）红外线定位技术

红外线技术室内定位是通过安装在室内的光学传感器接收各移动设备（红外线 IR 标识）发射调制的红外射线进行定位，具有相对较高的室内定位精度。

但是，由于光线不能穿过障碍物，使得红外射线仅能视距传播，容易受其他灯光干扰，并且红外线的传输距离较短，使其室内定位的效果很差。当移动设备放置在口袋里或者被墙壁遮挡时，就不能正常工作，需要在每个房间、走廊安装接收天线，导致总体造价较高。

4）超宽带定位技术

超宽带技术与传统通信技术的定位方法有较大差异，它不需要使用传统通信体制中的载波，而是通过发送和接收具有纳秒或纳秒级以下的极窄脉冲来传输数据，可用于室内精确定位，例如战场士兵的位置发现、机器人运动跟踪等。

超宽带系统与传统的窄带系统相比，具有穿透力强、功耗低、抗多径效果好、安全性高、系统复杂度低、能够提高精确定位精度等优点，通常用于室内移动物体的定位跟踪或导航。

5）RFID 定位技术

RFID 定位技术利用射频方式进行非接触式双向通信交换数据，实现移动设备识别和定位的目的。它可以在几毫秒内得到厘米级定位精度的信息，且传输范围大、成本较低；但由于 RFID 不便于整合到移动设备之中、作用距离短、安全隐私存在问题等原因，其适用范围也比较有限。

6）ZigBee 定位技术

ZigBee 是一种短距离、低速率的无线网络技术。它介于 RFID 和蓝牙之间，可以通过传感器之间的相互协调通信进行设备的位置定位。这些传感器只需要很少的能量，以接力的方式通过无线电波将数据从一个传感器传到另一个传感器，所以ZigBee最显著的技术特点是它的低功耗和低成本。

7）超声波定位技术

超声波定位主要采用反射式测距（发射超声波并接收由被测物产生的回波后，根据回波与发射波的时间差计算出两者之间的距离），并通过三角定位等算法确定物体的位置。超声波定位整体定位精度较高、系统结构简单，但容易受多径效应和非视距传播的影响，降低定位精度；同时，它还需要大量的底层硬件设施投资，总体成本较高。

知识拓展：随着物联网的发展，国内已经出现了不少物联网定位感知服务在各大场景中的实际应用案例。例如万达广场进行的智慧化升级，就采用了室内定位导航服务。顾客通过手机能够阅览商场全景图并查询商家信息，实现自助规划路线，快速找到相应店铺，大幅度提升购物体验。此外，商家还可以开展基于位置的互动营销，通过抽奖、游戏和活动促进顾客的即兴消费。在智慧消防领域，采用多传感器融合技术的消防员单兵定位系统，可以在灭火任务中对消防员进行实时定位跟踪，从而保障消防员的生命安全。

3.3 智能终端技术

物联网终端是物联网中连接传感网络层和传输网络层，实现采集数据及向网络层发送数据的设备。它是物联网生态链中的核心设备，担负着数据采集、初步处理、加密、传输等多种功能。

物联网智能终端可应用于分散区域的野外环境，可连接多种物联网传感网，远程采集大气、土壤、水体和重要设施运行状态等关键数据，设备通过GPRS实现数据传输。友好的人机界面，提供TFT液晶显示界面以及触摸屏操作，多功能扩展结构，现场维护方便快捷，可广泛应用于气象、水利、农业等领域。

智能终端设备是物联网的重要入口，我国智能终端涵盖品种广泛，其中教育、医疗、安防等领域市场空间巨大，VR设备、机器人、可穿戴设备、智能车载设备等热门新型智能终端设备应用最为广泛。在"人工智能+"的浪潮中，智能终端设备是除手机外物联网入口的延伸。在物联网感知层、接入层、网络层和应用层的四大层次中，智能终端设备是感知层和接入层的核心，是应用层的载体。

根据行业前景预测分析，我国智能终端将无处不在，基于大数据的自我学习能力会让智能终端越来越聪明；效仿人类感知、辅助人类计算和记忆、依赖人类知识模型和决策经验的专有领域智能硬件将大量出现，人与智能终端的交互方式将更加自然，设备会越来越"懂你"。智能互联时代，更加呼唤开源开放的创新平台，实现依托产业链、生态圈的开放式创新。智能终端之间的互联互通、协同应用就变得日渐迫切，要求产业里面能够制定出协议、规范、标准,更多企业能够参与,进行开放式的创新。

随着人工智能开源软件框架的发展,智能终端软件将在深度学习训练软件和推理软件两大类框架下迅速发展起来,这也将助力智能终端的自主化研发进程不断加速。人工智能芯片自主研发进程的加快,将有力促进国产智能终端市场的发展,智能终端的发展将成为经济社会发展的新动能,从而促进中国智能经济的形成与发展。

5G将激发诸如智能网联汽车、远程医疗手术等各类创新应用,补齐制约人工智能发展的短板,极大拓展AI应用场景,5G与人工智能将共同引发智能终端产业下一轮技术和创新变革。智能终端正在成为新技术的"试验田",成为引领产业创新的重要领域。由于用户规模庞大,人工智能、虚拟现实、生物识别、柔性显示等新技术都率先在智能手机等智能终端上获得了规模使用。

3.3.1 智能终端工作原理

物联网终端基本由外围感知(传感)接口、中央处理模块和外部通信接口三个部分组成,如图3-16所示。

通过外围感知接口与传感设备连接,如RFID读卡器、红外感应器、环境传感器等,将这些传感设备的数据进行读取并通过中央处理模块处理后,按照网络协议,通过外部通信接口,如以太网接口、Wi-Fi等方式发送到以太网的指定中心处理平台。物联网终端工作过程如图3-17所示。

图 3-16 物联网终端组成

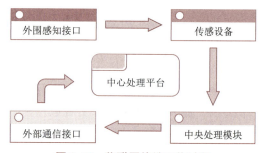

图 3-17 物联网终端工作过程

3.3.2 智能终端的分类

按使用扩展性不同,智能终端可分为单一功能终端和通用智能终端。

(1)单一功能终端一般外部接口较少,设计简单,仅满足单一应用,在不经过硬件修改的情况下无法应用在其他场合中,例如智能单相485电表。

(2)通用智能终端考虑到行业应用的通用性,外部接口较多,设计复杂,能满足两种或更多场合的应用。它可以通过内部软件的设置、修改应用参数,或通过硬件模块的拆卸来满足不同的应用需求。例如医院的自助挂号智慧终端。

按传输通路的不同，可分为数据透传终端和非数据透传终端。

（1）数据透传终端将输入口与应用软件之间建立起数据传输通路，使数据可以通过模块的输入口输入，通过软件原封不动的输出，表现给外界的方式相当于一个透明的通道，因此称为数据透传终端。该类终端的优点是很容易构建出符合应用的物联网系统，缺点是功能单一。例如车载称重系统终端。

（2）非数据透传终端一般将外部多接口的采集数据通过终端内的处理器合并后传输，因此具有多路同时传输的优点，同时减少了终端数量。缺点是只能根据终端的外围接口选择应用，如果满足所有应用，该终端的外围接口种类就需要很多，在不太复杂的应用中会造成很多接口资源的浪费，因此接口的可插拔设计是此类终端的共同特点。例如智能垃圾回收站。

3.3.3　智能终端在智慧城市中的应用案例

在当今信息时代，以智慧城市为代表的数字化转型已经成为大势所趋。而智能终端作为智慧城市中重要的组成，也发挥着越来越重要的作用，帮助城市管理者和居民更好地构建智慧城市。

智慧终端设备包括了智能手机、智能手表、智能收银机、智能刷脸机、智能自助结算餐台、智能人脸识别门禁、智能魔镜等各类设备，这些设备在智慧城市建设中扮演着重要的角色。例如，智能手机可以通过互联网实现在线政务服务，智能手表可以监测个人健康信息。这些设备为人们的日常生活提供了极大的便利，同时也为城市建设提供了智能化的技术支撑。

（1）智能收银机（见图3-18）。智能收银机是当下零售、餐饮、娱乐、休闲等领域里用于结算支付的主体配置，是商业场景中的营销利器。当下的收银机以安卓系统为主，双屏双触、支持同步同显或异显，屏幕尺寸有多种规格可选。机身线条流畅，造型简洁，功能配置灵活、多样化，适合在不同的支付场景里应用。

（2）智能刷脸机（见图3-19）。桌面扫码、刷脸收银盒子是当下小微型零售门店如便利店、咖啡面包店、药店、餐饮小吃店的快速结算好帮手。桌面单屏扫码刷脸支付一体盒子即智能刷脸机，外观精致小巧，方便应用在不同的收银结算场景，能够快速实现消费支付扫码到账或刷脸到账。

（3）智能快递柜（见图3-20）是一种基于物联网和智能技术的智能终端，其旨在提供高效、便捷的快递存取服务。它通过将物流、电子锁、传感器、软件系统等结合起来，实现自动化管理和操作。减少了快递员派送的时间和成本，同时也提高了快递投递的效率和准确性。收件人可以根据自己的时间安排自行取件，避免了因不在家而错过快递的情况。当快递员将包裹放入智能快递柜时，系统会自动生成一个订单，包含收件人信息、快递单号等。订单会与格子进行关联。收件人会收到一条短信或通知，通知他们快递已经到达柜子，并提供取件码或二维码。收件人前往智能快递柜，使用取件码或二维码进行身份验证。

系统会根据订单的关联,找到对应的格子并解锁。一旦格子解锁,收件人可以打开对应的格子,取走自己的包裹。取件过程完成后,格子会重新上锁。系统的追踪和记录功能也方便了快递公司和收件人对包裹状态的了解和管理。智能快递柜系统在社区、办公楼、商场等场所广泛应用,成为快递行业的重要解决方案之一。

图 3-18 智能收银机

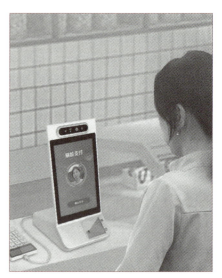

图 3-19 智能刷脸机

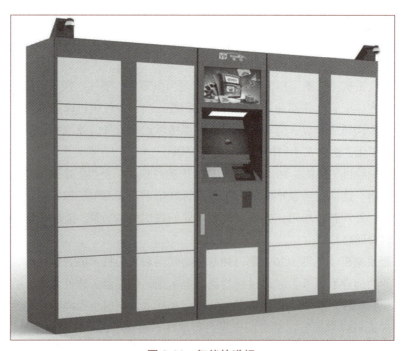

图 3-20 智能快递柜

(4)智能自助结算餐台(见图3-21)。在当下的智慧食堂建设中,自助结算模式深受高校食堂、职工、社区食堂场景的青睐,可以从根本上解决食堂内部人手不足、食材浪费现象严重、食堂就餐体验不佳等问题。智能自助结算餐台可以根据实际场景需要配置，各款间优势特征明显，可以满足智慧食堂自助结算模式下的不同方案需求。

（5）智能人脸识别门禁（见图3-22）。人脸识别门禁考勤终端在当下社会的应用已经很广泛，除了单位企业应用外，闸机式人脸门禁也在一些公共场景被使用，如机场、车站、医院、学校、小区、景区、写字楼、工地、产业园区等。现在的人脸识别门禁终端可以结合场景需求，满足无接触考勤打卡、会议签到、实名制人证识别、门禁联动等诸多功能。

图3-21　智能自助结算餐台

图3-22　智能人脸识别门禁

（6）智能魔镜（见图3-23）。智能魔镜通过智能AI技术的应用，让人们对居家、办公场所的智慧休闲、智能运动健身等有了全新的体验。智能魔镜可以通过衔接相关应用软件，在不同的场景里有精彩的表现，如智能健身镜、智能试衣镜、智能化妆镜，让一面镜子可以打造多种智慧场景的应用可能。

（7）随着人工智能技术的不断发展，接待机器人（见图3-24）逐渐出现在现代化服务领域。在酒店、餐厅、机场等公共场所，越来越多的接待机器人正在为顾客提供个性化服务，不仅提高了服务效率，还增强了企业竞争力。接待机器人是一种由人工智能技术实现的机器人系统，其核心技术包括语音识别、自然语言处理、计算机视觉、机器学习等。其中，语音识别是机器人与顾客进行沟通最为关键的技术之一。接待机器人可以通过语音识别技术识别顾客的声音，并将识别结果转化为文本或语音输出，以便进行后续处理。自然语言处理技术则可以让机器人理解并响应顾客的语言表达，从而进行有意义的对话。此外，在机器人的视觉系统中，摄像头和激光雷达等传感器被用来感知机器人所处环境和判断物体的位置和大小。目前，接待机器人市场还处于发展初期阶段，但是其潜力十分巨大。在全球范围内，餐饮、酒店、零售、医疗等消费服务领域是接待机器人应用最为广泛的领域。同时，在一些高科技企业，自主研发接待机器人也成为企业形象展示的重要标志和品牌推广的有效方式。

图 3-23　智能魔镜

图 3-24　接待机器人

知识拓展：物联网覆盖范围非常广泛，对人类生产、生活也产生了深远影响。广义的物联网，利用条形码、射频识别（RFID）、传感器、全球定位系统、激光扫描器等信息传感设备，按约定的协议实现人与人、人与物、物与物的在任何时间、任何地点的连接，从而进行信息交换和通信，以实现智能化识别、定位、跟踪、监控和管理的庞大网络系统。

在万物互联的人工智能时代，必然需要强大的数据作为保障，对摄像头、传感器等外接设备的兼容，以及数据的采集、收集、处理和存储都是我们要面临的重大挑战。智能终端是实现采集数据及向网络层发送数据的设备，它担负着数据采集、初步处理、加密和传输等多种功能。

更多智能终端技术的知识，请扫描二维码！

3.4　感知技术认知实践

1. 实践目的

本次实践的主要目的是：

（1）了解自动识别技术的种类。

（2）了解感知技术的种类。

（3）了解不同自动识别技术、感知技术和智能终端技术的不同特性。

（4）了解不同自动识别技术、感知技术和智能终端技术在典型物联网应用系统中的运用。

2. 实践的参考地点及形式

本次实践可以在具备物联网实训平台、实验箱、物联网虚拟仿真平台等感知设备的实训室中实施，不具备实物参观条件的可以通过Internet搜索引擎查询的方式进行。

3. 实践内容

实践内容包括以下几个要求：

（1）实物观察各种不同类型的条形码、RFID、传感器模块，确认不同的传感器的外形特点，如温湿度传感器、超声波传感器、人体红外传感器、气体传感器等。

（2）利用Internet，搜索不同传感器的特点、技术参数以及主要应用环境等。材料内容包括传感器图片、传感器名称、传感的原理、主要技术参数和应用环境。

（3）寻找身边的传感器、RFID、二维码应用，列举2~3个实例，查询该感知设备的工作原理，以及其他的应用场合可能有哪些。

（4）通过查询了解不同类型的传感器特点及应用后，来构想将这些传感器应用到自己的生活中来，试着设计1~2个传感器的应用场景。

（5）利用生物识别技术来设想一个与之相关的物联网应用，说说它的推广价值或应用前景。

习 题

一、选择题

1. 传感器是（　　）的核心感知设备。
   A. 物联网　　　　B. 互联网　　　　C. 万维网　　　　D. 局域网

2. 传感器能否将非电量的变化不失真地变换成相应的电量，取决于传感器的（　　）特性。
   A. 输入　　　　B. 输出　　　　C. 输出/输入　　　　D. 导入

3. 传感器中能直接感受被测量并按一定规律转换成与被测量有一定关系的易于变换成电量的其他量的元件是（　　）。
   A. 信号调节转换电路　　　　B. 辅助电源
   C. 转换元件　　　　　　　　D. 敏感元件

4. 条、空的（　　）颜色搭配可获得最大对比度，所以是最安全的条形码符号颜色设计。
   A. 红白　　　　B. 蓝白　　　　C. 蓝黑　　　　D. 黑白

5. （　　）的编码原理是建立在一维条形码的基础上，按需要堆积成两行或多行。
   A. 矩阵式二维条形码　　　　B. 数据式二维码
   C. 棋盘式二维码　　　　　　D. 行排式二维码

6. 下列不属于二维条形码的优点是（　　）。
   A. 信息容量大
   B. 编码范围广
   C. 易打印，寿命长，成本低
   D. 能将因破损、玷污等原因导致条形码丢失的信息100%正确读出

7. 以下关于被动式RFID标签工作原理的描述中，错误的是（　　）。
   A. 被动式RFID标签也称为"无源RFID标签"
   B. 当无源RFID标签接近读写器时，标签处于读写器天线辐射形成的远场范围内
   C. RFID标签天线通过电磁波感应电流，感应电流驱动RFID芯片电路
   D. 芯片电路通过RFID标签天线将存储在标签中的标识信息发送给读写器

8. 以下关于GPS功能的描述中，错误的是（　　）。
   A. 定位　　　　B. 导航　　　　C. 授时　　　　D. 通信

9. 以下关于无线传感器节点的描述中，错误的是（　　）。
   A. 无线传感器节点由传感器、处理器、无线通信与能量供应四个模块组成
   B. 无线通信模块负责物理层的无线数据传输
   C. 处理器模块负责控制整个传感器节点的操作
   D. 传感器模块中的传感器完成监控区域内的信息感知和采集

10. 气敏传感器是用来检测（　　）浓度或成分的传感器。
    A. 气体　　　　B. 固体　　　　C. 液体　　　　D. 固液共存体

二、填空题

1. 传感技术与_____、_____共同构成21世纪信息产业的三大支柱技术。

2. 传感器的静态特性是指被测量的值处于_____状态时的输入输出关系，衡量静态特性的重要指标是线性度、_____、迟滞性和重复性等。

3. 加速度传感器分为_____、_____。

4. 条形码是由宽度不同、反射率不同的_____和_____，按照一定的编码原则而制成的。

5. RFID是一种_____的自动识别技术，通过_____自动识别目标对象并获取相关数据，无须人工干预，可工作于各种恶劣环境。

三、判断题

1. 人脸识别技术利用计算机技术识别人脸，是基于人的脸部表情的技术。　　（　　）

2. 人脸识别系统主要包括四个组成部分，分别为人脸图像采集及检测、人脸图像预处理、人脸图像特征提取以及匹配与识别。　　（　　）

3. 语音识别技术，也被称为自动语音识别，其目标是将人类的语音中的词汇内容转换为计算机可读的输入，如按键、二进制编码或者字符序列等。　　（　　）

4. 目前，主流的定位技术有卫星定位（如GPS、北斗）、蜂窝基站定位、无线室内环境定位、RFID定位等。（   ）

5. 卫星定位是指利用卫星和接收机的双向通信来确定接收机的位置，不管在室内还是室外，都可以实现精确定位。（   ）

四、简答题

1. 简述一维条形码和二维条形码的区别。
2. 传感器有哪些组件构成？
3. 基于位置的定位服务有哪些？
4. 简述生物识别技术。

第 4 章 物联网网络层关键技术

学习笔记

物联网网络层是物联网体系结构中的一个重要层级，它主要负责网络连接和数据传输。网络层的通信技术主要包括互联网通信技术、短距离无线通信技术、低功耗广域网（low power wide area network，LPWAN）技术、移动通信技术和卫星通信技术。每种技术都有其自身特点和适用场景。掌握各种通信技术的原理和应用场景，深入了解物联网通信技术的特点、优势和局限性，有助于根据不同的应用需求进行通信技术的选择、物联网系统的设计、实际问题的解决和未来发展趋势的把握，对于物联网学习和应用具有重要的意义。

学习目标

知识目标

（1）掌握物联网接入技术；（2）掌握互联网通信的主要特点；（3）掌握常见的短距离无线通信技术；（4）掌握常见的低功耗广域网技术；（5）熟悉现有的移动通信技术；（6）了解卫星通信技术。

能力目标

（1）能说出常见的互联网通信技术；（2）能说出常见的短距离无线通信技术的特点及其适用场景；（3）能说出不同低功耗广域网的各自的优缺点；（4）能讲述移动通信技术的发展历程。

素质目标

（1）具备爱国主义精神和文化自信；（2）具备自主学习和探究学习意识；（3）具备创新思维和科学素养；（4）关注社会热点和全球发展。

4.1 物联网接入网技术

视频
物联网通信技术
——接入技术

网络层位于物联网三层结构中的第二层，作为纽带连接着感知层和应用层，负责将感知层获取的信息安全可靠地传输到应用层，然后根据不同的应用需求进行信息处理。

物联网网络层包含传输网和接入网。传输网由公网与专网组成，典型传输网络包括电信网（固网、移动通信网）、广电网、互联网、电力通信网、专用网（数字集群）等，其功能是进行信息的传输。接入网是终端设备（节点）连网组成的异构的低功耗松散网络。终端设备通过不同的接入网技术连接到物联网。接入网技术是物联网的关键技术，包括有线接入和无线接入两种方式。

常见的物联网设备接入网络的方式有串口方式接入、物联网网关方式接入及物联网云平台（物联网联接管理平台）方式接入等。

4.1.1 串口方式接入

串口通信在物联网通信技术中是一个非常重要的组成部分，很多物联网底层的感知终端采集的数据都会通过串口进行上报，因此，对于物联网底层应用的开发工程师或是嵌入式开发工程师来说，串口通信是一个非常熟悉的模块。例如，目前比较常见的 C51 单片机通信、ARM 的 STM32 单片机、TI 的 MSP430 单片机等的相关物联网底层的开发都离不开串口通信技术。

1. 相关术语

了解并掌握串口通信技术，需要对以下的相关术语进行理解：

1）串行通信和并行通信

所谓串行通信（serial communication），是指通信双方使用一条或二条数据信号线相连，同一时刻，数据在一条数据信号线上只能按位进行顺序传送，每一位数据都占据一个固定的时间长度。

所谓并行通信（parallel communication），是指以字节（Byte）或字节的倍数为传输单位，一次传送一个或一个以上字节的数据，数据的各位同时进行传送。计算机的各个总线数据的传输就是以并行的方式进行的。

如图 4-1 所示，串行通信与并行通信相比，串行通信的缺点是速度较低，但是它传输线少、成本低、适合远距离的传输，也易于扩展，所以在物联网的底层通信方式中，串行通信是一种经常采用的通信技术。此外，在计算机上常用的 COM、USB、Ethernet、Bluetooth 等端口都属于串行接口。

2）异步串行通信和同步串行通信

异步串行通信（asynchronous serial communication）中，接收方和发送方各自使用自己的时钟，即它们的工作是非同步的，在异步通信传输中，如图 4-2 所示，每一个字符都要用起始位和停止位作为字符的开始和结束的标识，以字符为单位逐个字符发送和接收。

异步通信传输时，每个字符的组成格式首先用一个起始位表示字符的开始；后面紧跟着的是字符的数据字，数据字通常是 7 位或 8 位数据（低位在前，高位在后），在数据字中可根据需要加入奇偶校验位；最后是停止位，其长度可以是一位或两位。串行传送的数据字加上成帧信号的起始位和停止位就形成了一个串行传送的帧。起始位用逻辑"0"低电平表示，停止位用逻辑"1"高电平表示。

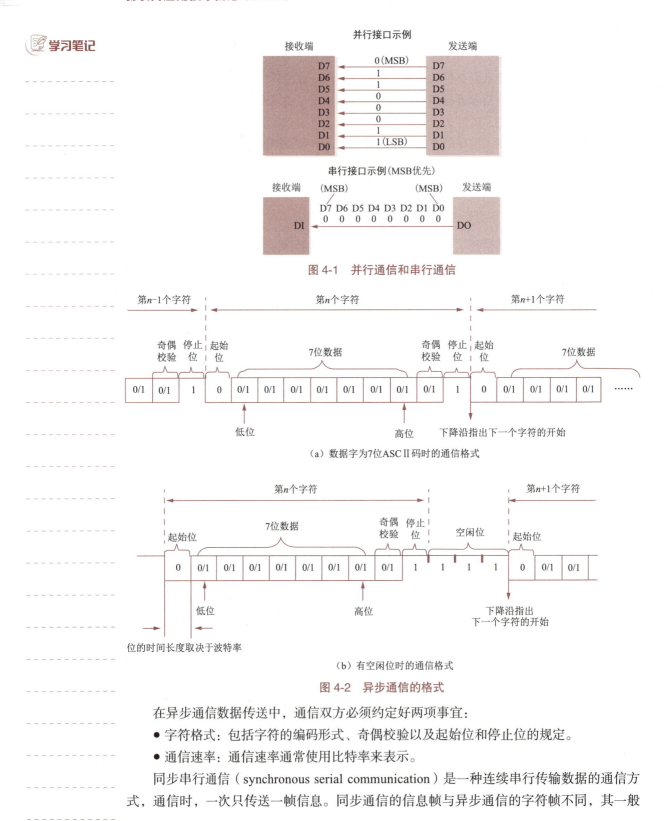

图 4-1 并行通信和串行通信

图 4-2 异步通信的格式

在异步通信数据传送中，通信双方必须约定好两项事宜：
- 字符格式：包括字符的编码形式、奇偶校验以及起始位和停止位的规定。
- 通信速率：通信速率通常使用比特率来表示。

同步串行通信（synchronous serial communication）是一种连续串行传输数据的通信方式，通信时，一次只传送一帧信息。同步通信的信息帧与异步通信的字符帧不同，其一般包含若干个字符数据。

根据数据链路控制规程，数据格式分为面向字符的数据传输和面向比特的数据传输两种。其中，面向字符的同步通信数据格式可采用单同步、双同步和外同步三种格式，如图 4-3 所示。单同步和双同步均由 SYNC 同步字符、数据字节字符和 CRC 校验字符三部分组成，单同步是指在传送数据之前先传送一个"SYNC"，而双同步则先传送两个"SYNC"。外同步的数据格式中没有同步字符，而是用一条专用控制线来传送同步字符，来实现接收端及发送端的同步。

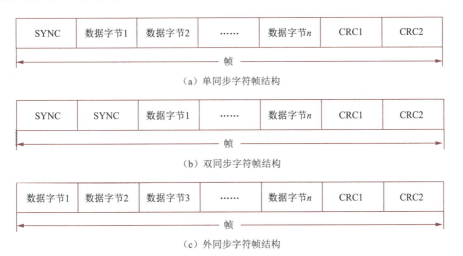

图 4-3 面向字符的同步通信数据格式

面向比特的同步通信数据格式如图 4-4 所示，它是根据同步数据链路控制规程（SDLC），将面向比特的数据帧分为六个部分：

第一部分：开始标志"7EH"。

第二部分：一个字节的地址场。

第三部分：一个字节的控制场。

第四部分：需要传送的数据，数据都是位（bit）的集合。

第五部分：两个字节的循环冗余码 CRC。

第六部分："7EH"作为结束标志。

图 4-4 面向比特的同步通信数据格式

3）串口

串口（serial port）是用于实现串行通信的物理接口的统称。串口的出现是在 1980 年左右，最初，它是为了实现连接计算机外设，比如连接鼠标、外置 Modem、写字板等设备。

串口还可以用于两台计算机（或设备）之间的互连及数据传输。目前，大部分便携式笔记本电脑的主板上已经开始取消这个接口，而是将它更多地用于工业控制和测量设备以及部分通信设备中，例如，很多物联网的终端设备中采用此接口。

按照通信的方式，串口又分为同步串行接口（synchronous serial interface，SSI）和异步串行接口（universal asynchronous receiver/transmitter，UART），UART也称通用异步接收和发送器，是一个并行输入转为串行输出的芯片，一般集成在主板上，它包含TTL电平的串口和RS232电平的串口。TTL电平是3.3 V，RS232是负逻辑电平，+5V ~+12V为低电平，-12V ~-5V为高电平。

一般串口有两种物理标准，即D型9针接口（D9型接口）和4针杜邦接口两种。

图4-5所示为目前在电路板上比较常见的4针UART串口，有的还带有杜邦插针。UART一般有4个PIN引脚，即VCC（电源）、GND（接地）、RXD（接收）和TXD（发送），用TTL电平，低电平为0（0V），高电平为1（3.3V或以上）。

图4-5　UART串口

图4-6所示为D9型串口，常见于计算机的主板上，该种接口的协议有RS-232和RS-485两种。

 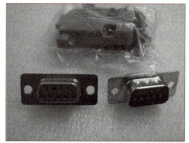

图4-6　D9型串口

4）波特率和比特率

在数据通信的信道中，携带数据信息的信号单元一般称之为码元，它表示单位时间内载波调制状态或信号状态变化的次数，即每秒通过信道传输的码元的数量称为码元传输速率，也就是波特率（Baud Rate），波特率也可以称之为符号速率（Symbol Rate）和调制速率（Modulation Rate）。它是传输信道频宽的一个重要指标。

比特率（Bit Rate）是指在单位时间内传输的比特（bit）数，单位为"bit per second"（bit/s）。在通信和计算机领域，比特率指的是信号（用数字二进制位表示）通过系统处理或传输的速率，也就是单位时间内处理或传输二进制位的数据量。

波特率和比特率有时会被混淆，比特率实际上是对数据传输率的度量，而波特率则是单位时间内码元符号的个数，通过不同的调制方法可以在一个码元上承载多个比特信息。例如：在两相调制中（即单个调制状态对应一个二进制位的比特率），比特率的数值是等同于波特率的；在四相调制中（即单个调制状态对应两个二进制位），比特率是波特率的2倍；在八相调制中（即单个调制状态对应三个二进制位），比特率是波特率的3倍；以此类推，可以知道波特率和比特率的关系是：比特率=波特率×单个调制状态对应的二进制位数。

2．串口调试软件

串口调试软件是串口调试的相关工具，目前有较多支持串口调试的软件，如图4-7所示，SSCOM就是其中一款串口调试软件，可以打开PC上开启的串口（端口），并可以向其发送数据，也可以接收串口反馈的数据。

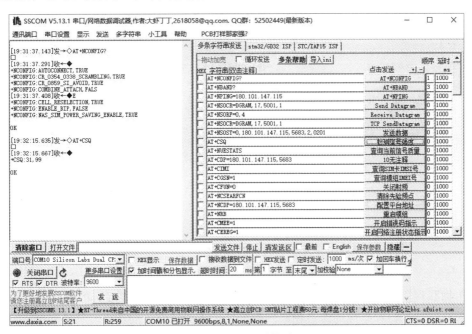

图4-7　串口调试软件

4.1.2　物联网网关接入

无线接入是指通过无线介质将终端设备与网络设备连接起来实现信息传递。无线接入技术与有线接入技术的一个重要区别在于可以向用户提供移动接入业务。

从覆盖范围来看，无线通信技术可划分为短距离无线通信技术和广域网无线通信技术。短距离无线通信技术传播距离比较受限，一般不超过30 m，如蓝牙、ZigBee、UWB、NFC、Z-Wave、IrDA、HomeRF、Wi-Fi等；广域网无线通信技术覆盖范围大，一般通过中继传播，传播距离不受地域限制，如2G/3G/4G/5G移动通信技术、NB-IoT、LoRa、Sig-Fox、eMTC等。

1. 物联网网关

物联网网关是一种充当转换重任的计算机系统或设备,是管理所有连接的物联网设备、传感器和执行器的中央集线器。在信息发送到云之前,聚合、处理和过滤各种物联网设备发送的所有数据。先进的物联网网关能够执行复杂的边缘计算应用程序,在这种情况下,物联网网关在边缘处理大部分数据,并且能够在边缘运行实时决策,而无须云端的任何帮助。

2. 工作过程

物联网网关充当不同类型物联网设备之间的桥梁,并将它们连接到中央数据系统甚至云端。从边缘、网关到外部网络(如云)的数据流涉及聚合、汇总和同步数据。物联网设备使用 ZigBee、Z-wave 和蓝牙 BLE 等短距离无线技术与物联网网关进行通信。一些物联网设备还使用 LoRa、Wi-Fi、LTE 和 LTE-M 等远程无线技术与物联网网关进行通信。然后,物联网网关通过光纤 WAN 或以太网 LAN 将一系列传感器连接到广域网(WAN)或云,如图 4-8 所示。

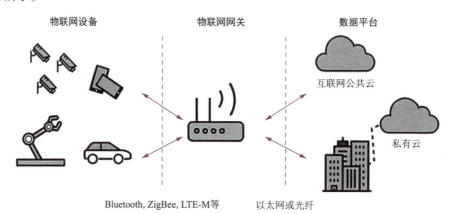

图 4-8 物联网网关工作过程

在物联网生态系统中,可能有成百上千个具有不同协议和接口的物联网设备、传感器和执行器。每秒生成的海量物联网数据给云造成了巨大的压力。物联网网关可以过滤收集的数据并将其转换为单一标准协议,以便数据在云端轻松处理并传递到边缘以进行更高效的计算。物联网网关翻译的一些常见协议是 AMQP、DDS、CoAP、MQTT 和 WebSocket 等。

此外,智能物联网网关能够管理边缘工作负载,无须连接到云即可执行决策。例如,用于运输冷藏食品的车载应用,当存储车厢内的传感器指示温度升高时,物联网网关可以自动控制执行器将温度降低到理想点,以防止损坏货物。物联网网关可以同时监控应用程序的不同方面,例如光线、空气质量、安全系统等。因此,物联网网关的一个主要好处是它能够发送摘要将数据传输到外部网络以进行额外的处理和分析。

3. 物联网网关的功能

1)协议转换

从不同的感知网络到接入网络的协议转换,将下层的标准格式的数据统一封装,保证不同的感知网络的协议能够变成统一的数据和信令；将上层下发的数据包解析成感知层协议可以识别的信令和控制指令。

2）设备管理

物联网网关提供集中的设备管理能力。管理员可以通过网关远程监控、控制和更新连接的设备。这简化了物联网部署的管理和维护，并确保整个系统的平稳运行。

3）数据过滤

传感器/设备会产生大量的数据，会对系统造成很大压力，并且传输和存储成本也会相应提高。通常在这种情况下，只有一小部分数据是有价值的，其余的过滤掉，例如摄像头不需要发送走廊的视频数据。网关可以预处理和过滤由传感器/设备生成的数据，以减少传输、处理和存储要求。

4）本地处理和决策

物联网网关可以实现本地处理和实时决策。通过在边缘执行数据分析和计算，网关减少了对云连接的依赖。此功能可缩短响应时间，提高系统可靠性，并在时间敏感的物联网应用中实现更快的操作。

4. 物联网网关的关键组件

物联网网关由多个关键组件组成，这些组件协同工作，以促进物联网设备与中央系统之间的无缝、安全通信。

1）处理单元

处理单元是物联网网关的核心组件，负责执行必要的计算和数据处理。它可以是微控制器、微处理器，甚至是专用的片上系统（SoC）。处理单元处理协议转换、数据过滤、本地数据分析和设备管理等任务。

2）连接接口

物联网网关需要各种连接接口来与物联网设备和外部网络建立通信。这些接口可以包括Wi-Fi、以太网、蓝牙、ZigBee、蜂窝网络等，具体取决于物联网部署的具体要求。连接接口允许网关使用不同的通信协议与各种物联网设备进行连接和通信。

3）内存

物联网网关需要足够的内存容量来有效地存储和处理数据。它通常包括易失性存储器和非易失性存储器。RAM等易失性存储器用于临时数据存储和处理，而闪存等非易失性存储器则用于存储配置、固件和其他重要数据。

4）安全功能

安全性是物联网网关的一个重要方面，它们包括特定的组件和功能，以确保数据的完整性和机密性。这些组件包括硬件安全模块、安全元件、加密加速器和加密功能。这些安全功能可实现网关与物联网设备之间的设备身份验证、数据加密以及安全通信。

5）操作系统和软件

物联网网关运行一个操作系统，该操作系统提供管理网关功能所需的软件基础设施。操作系统的选择取决于多种因素，例如处理能力、资源要求和特定应用需求。此外，物联网网关软件包括中间件、驱动程序和特定于应用的软件组件。

6）用户界面

许多物联网网关都包含用户界面，允许管理员监控和管理网关和连接的设备。用户界面可以采用基于Web的仪表板、移动应用或命令行界面的形式。它提供对配置设置、设备管理以及物联网部署实时监控的访问。

7）供电

物联网网关需要稳定可靠的供电，以保证不间断运行。电源组件可以包括AC/DC适配器、电池，甚至是以太网供电（PoE）功能。电源的选择取决于具体的部署要求，如使用环境和可用的电源。

5. 物联网网关的类型

物联网网关有多种类型，每种类型都旨在满足特定的物联网部署场景和要求。

1）边缘网关

边缘网关也称为本地网关，部署在网络边缘，更靠近物联网设备。这些网关在边缘执行数据处理、协议转换和过滤，减少延迟和对云的依赖。边缘网关非常适合需要实时响应和本地决策的应用。

2）云网关

云网关也称为云到云网关，促进物联网设备和云平台之间的通信。它们将数据从物联网设备传输到指定的云服务，进行存储、分析和进一步处理。云网关非常适合需要大量数据分析和基于云的服务的应用。

3）雾网关

雾网关也称为雾到云网关，部署在网络边缘，类似于边缘网关。然而，雾网关比边缘网关具有更强的处理能力和存储能力。它们执行本地数据处理和分析，同时聚合数据并将数据转发到云端。雾网关适用于需要本地处理和云连接相结合的应用。

4）无线网关

无线网关专门设计用于使用Wi-Fi、蓝牙、ZigBee或蜂窝网络等技术连接无线物联网的设备。这些网关提供必要的连接和协议转换功能，以弥合无线设备和中央系统之间的通信鸿沟。

5）工业网关

工业网关可以承受恶劣的环境，并在工业环境中可靠地运行。它们具有强大的硬件和软件功能，确保高性能、可扩展性以及与Modbus或Profibus等工业协议的兼容性。工业网关将工业物联网设备连接到中央系统，以实现高效的数据管理。

6）多协议网关

多协议网关支持多种通信协议和标准，允许使用不同协议的设备无缝连接和通信。这些网关用途广泛，可以处理不同的物联网设备生态系统，从而简化集成和互操作性挑战。

7）混合网关

混合网关将边缘计算功能与云连接相结合。它们提供执行本地处理和决策的灵活性，同时还利用云资源进行广泛的数据分析和存储。混合网关适用于需要在边缘和基于云的功能之间取得平衡的应用。

4.1.3 物联网云平台（物联网联接管理平台）接入

物联网云平台位于物联网技术的中间核心层，主要功能是向下连接智能设备，向上承接应用层。

1. 物联网云平台的功能

物联网云平台的核心功能包括设备接入管理、数据存储与处理、远程监控与控制、安全性和隐私保护等方面。

1）设备接入管理

物联网云平台通过提供统一的设备接入接口，实现对各种物联网设备的接入管理。它可以支持不同的通信协议和接口标准，如Wi-Fi、蓝牙、ZigBee等，使得各种设备可以方便地接入到云平台。物联网云平台还提供设备注册、认证和权限管理等功能，确保只有合法的设备可以接入到云平台，并且设备之间的数据交互是安全可靠的。

2）数据存储与处理

物联网云平台可以提供大规模的数据存储和处理能力，用于存储和分析从各个设备中采集到的数据。它可以支持实时数据流处理和批量数据处理，为物联网应用提供实时的数据分析和决策支持。物联网云平台还可以提供数据的可视化展示和报表生成功能，帮助用户更好地理解和利用数据。

3）远程监控与控制

物联网云平台可以实现对物联网设备的远程监控和控制。通过与设备的连接，用户可以随时随地通过云平台对设备进行监控和控制操作。例如，用户可以通过手机App远程监控家庭中的安防设备，或者通过云平台远程控制智能家居中的灯光和电器。这种远程监控和控制的方式大大提高了物联网设备的便利性和可操作性。

4）安全性和隐私保护

物联网云平台对于安全性和隐私保护非常重要。它可以通过加密通信、身份认证和访问控制等手段，保护设备和数据的安全。物联网云平台还需要遵守相关的隐私法规和政策，保护用户的个人隐私信息不被泄露和滥用。物联网云平台的安全性和隐私保护是用户信任和接受物联网技术的重要保障。

2. 物联网云平台的接入方式

物联网设备接入云平台主要分为直接接入和间接接入两种。

1）直接接入

设备直接与云端的服务器连接，设备数据能直接上传到云服务器，单点故障仅影响自身，对设备控制灵活，方便维护，是目前使用较多的方式，但这种方式要求设备具备联网功能，对设备的硬件配置要求高，增加服务器的连接数，适用于DTU、Wi-Fi模组等。

2）间接连接

设备不直接跟云端服务器连接，而是通过网关连接，设备数据通过网关透传到云服务。这种方式对硬件要求相对较低，设备与网关之间还可以使用其他通信协议进行通信，分担了服务器压力，但网关单点故障影响范围较大，适用于设备自身不具备联网功能、设备硬件配置过低的场景。

3. 常见的物联网云平台

1）中国电信物联网开放平台

中国电信物联网开放平台是中国电信针对国际物联网业务所打造的物联网专业化平台，中国电信作为主导运营商，联合全球运营商合作伙伴，向企业提供从生产部署到服务变现"全生命周期"的全球物联网连接管理与自服务功能，为全球客户的物联网业务提供有效的支撑保障。图4-9所示为中国电信物联网开放平台服务架构。

图 4-9 中国电信物联网开放平台服务架构

中国电信物联网专业平台服务的特点是：构建行业领先的物联网开放平台，为客户提供强大的物联网能力应用服务，重塑客户业务流程，挖掘业务价值，降低运营成本。平台服务的内容有：用户信息查询、业务受理、系统管理、地图定位、后向流量池管理、其他信息查询等。

中国电信为客户提供更为适合物联网使用场景的内容计费模式，具备生命周期（测试期、沉默期、计费期）、定向和非定向、限区域、流量池、前后向组合等多种计费模式。客户可通过中国电信物联网开放平台自主管理业务工作状态、通信状态等，除满足客户自主管理需求，通过中国电信物联网专用平台，可以进一步为客户提供运营数据的储存与大数据分析服务。中国电信提供专属账号及API接口，涵盖了从物联网业务的开发、产品的生产、物流的分发、业务和产品的使用、长期变现等各个环节的系统对接需求，使得物联网连接管理与物联网服务和产品紧密配合，实现完全的自动化业务流程。中国电信为不同客户的使用需求及业务场景提供定制化的物联网卡产品，从消费级插拔卡、贴片卡到工业级插拔卡、贴片卡，更能结合客户具体业务需求提供电子卡或eSIM等物联网卡产品。

2）中国移动OneNET平台

OneNET是由中国移动打造的PaaS物联网开放平台。平台能够帮助开发者轻松实现设备接入与设备连接，快速完成产品开发部署，为智能硬件、智能家居产品提供完善的物联网解决方案。OneNET平台作为连接和数据的中心，能适应各种传感网络和通信网络，并面向智能家居、可穿戴设备、车联网、移动健康、智能创客等多个领域开放。OneNET致力于开发者的体验，逐步提升云服务体量，着手用户运营，深化运维管理和云端大数据分析，协同产业上下游，长期发展以"大连接、云平台、轻应用、大数据"为架构的平台级服务，打造用户导向的物联网生态环境。作为"云管端"核心布局的OneNET秉承中国移动的发展理念。

OneNet平台支持各类传感网络和通信网络，通过支持多种协议解决智能硬件产品设备接入、消息路由等连接类刚性需求，还可以对智能硬件的网络状态、终端状态、流量情况、位置信息进行全面的管理和监控。OneNet平台在提供设备连接服务和数据中心服务的基础上进行开放合作，面向智能硬件创客和创业企业推出硬件社区服务，面向中小企业客户物联网应用需求提供数据展现、数据分析和应用生成服务，面向重点行业领域/大客户推出行业PaaS服务和提供行业应用定制化开发服务。

OneNET八大功能：

● 专网专号：中国移动基于物联网特点打造的专业化网络通道，提供"云-管-端"一体化的智能管道和支撑系统，支持工业级、车规级的专网卡和通信模组。

● 海量连接：基于多类型标准协议和API开发，满足海量设备的高并发快速接入。

● 在线监控：实现终端设备的监控管理、在线调试、实时控制功能。

● 数据存储：基于分布式云存储、消息对象结构、丰富的数据调用接口实现数据高并发读、写库操作，有效保障数据的安全。

● 消息分发：将采集的各类数据通过消息转发、短/彩信推送、App信息推送方式快速告知业务平台、手机用户、App客户端，建立双向通信的有效通道。

● 能力输出：汇聚中国移动短/彩信、位置服务、视频服务、公有云等核心能力，提供标准API接口，缩短终端与应用的开发周期。

● 事件告警：打造事件触发引擎，用户可以基于引擎快速实现应用逻辑编排。

● 数据分析：基于Hadoop等提供统一的数据管理与分析能力。

OneNET物联网专网已经应用于环境监控、远程抄表、智慧农业、智能家电、智能硬件、节能减排、车联网、工业控制、物流跟踪等多种商业领域。物联网开放平台OneNET通过打造接入平台、能力平台、大数据平台能力，满足物联网领域设备连接、协议适配、数据存储、数据安全、大数据分析等平台级服务需求。

3）阿里云物联网平台

阿里云物联网平台为设备提供安全可靠的连接通信能力，向下连接海量设备，支撑设备数据采集上云；向上提供云端API，服务端通过调用云端API将指令下发至设备端，实现远程控制。物联网平台也提供了其他增值能力，如设备管理、规则引擎等，为各类IoT场景和行业开发者赋能。

设备连接物联网平台，与物联网平台进行数据通信。物联网平台可将设备数据流转到其他阿里云产品中进行存储和处理，如图4-10所示。

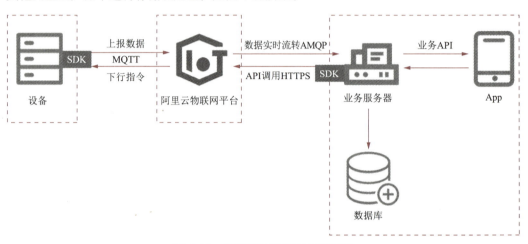

图4-10 阿里云物联网平台数据流

物联网平台主要提供了设备接入、设备管理、规则引擎等能力，为各类IoT场景和行业开发者赋能。平台还提供IoT SDK，设备集成SDK后，即可安全接入物联网平台，使用设备管理、数据流转等功能。

4）华为物联网云平台

华为物联网云平台是华为公司基于物联网、云计算和大数据等技术打造的开放生态环境。华为物联网云平台围绕着华为IoT联接管理平台，提供了170多种开放API和系列化Agent，帮助伙伴加速应用上线，简化终端接入，保障网络联接，实现与上下游伙伴产品的无缝连接，同时提供面向合作伙伴的一站式服务，包括各类技术支持、营销支持和商业合作。

华为物联网云平台主要功能包括连接管理、设备管理、应用使能三个方面，在端侧基于LiteOS操作系统构建其生态伙伴，并且无缝集成其在通信层的NB-IoT生态系统，从而形成其完整的"1+2+1"物联网战略：

- "1"：即1个开源物联网操作系统Huawei LiteOS，实现在云管端全面布局。
- "2"：即2种连接方式，包括有线和无线连接，如NB-IoT/5G和敏捷物联网络（物联网关、智慧家庭网关）等方式。
- "1"：即1个统一开放的物联网平台，包含数据管理、设备管理和运营管理。

华为物联网云平台立足物联网PaaS平台的几大难题，如物联网集成与开发挑战、产业生态构建挑战、安全与数据隐私挑战、端到端全面运维挑战等，从而联接承上启下，实现能力强化：快速便捷的设备集成能力、灵活敏捷的应用使能能力、安全可靠的联接管理能力、高效精细的端到端运维能力。图4-11所示为华为物联网云平台功能架构。

图4-11 华为物联网云平台功能架构

华为物联网云平台的特点：

（1）应用预集成的解决方案与生态链构建：以基于云化的IoT联接管理平台为核心，同时支持公有云和私有云部署，面向企业/行业、家庭/个人领域提供一系列的预集成应用，包括智慧家庭、车联网、公共事业、油气能源等；立足于构建一个与合作伙伴共赢的生态链，越来越多的应用正在加入华为物联网平台，共同构建一个智能的全连接世界，创造更大的商业价值。

（2）接入无关（任意设备、任意网络、多协议适配）：支持无线、有线等多种网络连接方式接入，可以同时接入固定、移动（2G/3G/4G/NB IoT）网络；丰富的协议适配能力，支持海量多样化终端设备接入；Agent方案简化了各类终端厂家的开发，屏蔽各种复杂设备接口，实现终端设备的快速接入；同时华为可以提供预集成Agent的室内外物联网敏捷网关，真正做到给客户提供端到端的物联网基础平台，让客户聚焦于自身的业务；华为平台帮助客户实现了应用与终端的解耦合，帮助客户不再受限于私有协议对接，获得灵活的分批建设系统的自由。

（3）强大的开放与集成能力：网络API、安全API、数据API三大类API，帮助行业集成商和开发者实现强大的连接安全、数据的按需获取和个性化的用户体验；华为IoT联接管理平台的集成框架安全、可靠，可以实现与现网网元、IT系统的快速集成；华为的生态构建支持可以给各位应用厂商提供零成本的云调试对接环境，快速体验华为API并完成新产品的集成。

（4）大数据分析与实时智能：实现了云端平台、边缘网关、智能终端的分层智能与控制，提供规则引擎等智能分析工具。

（5）支持全球主流 IoT 标准：华为 IoT 联接管理平台支持全球主流 IoT 标准协议及功能实现，包括权威平台规范 oneM2M、ETSI 等。在家庭网络领域，遵循了 ZWave/ZigBee/BlueTooth/Allseen/Thread 等标准，同时华为推出了 Hi-Link 家庭网络标准。在车联网领域，遵循了 JT/T 808 等标准规范。

华为 IoT 云服务支持终端设备直接接入物联网平台，也可以通过工业网关或者家庭网关接入。工业网关、家庭网关或智能设备可以通过内嵌 Agent 的 SDK 将设备接入物联网平台，解决了终端设备接入协议复杂多样、定制困难的问题，极大地提升了设备集成接入的效率。

华为 IoT 云服务提供丰富的设备管理能力，用户可以通过管理门户或者调用 API 的方式对设备进行管理。

4.2 互联网通信技术

物联网要实现物体之间信息的连接和流通，需要网络作为连接的桥梁。互联网（Internet），又称国际网络，指的是网络与网络之间所串连成的庞大网络，这些网络以一组通用的协议相连，形成逻辑上的单一巨大国际网络。互联网是物联网的重要承载网络，是通信技术与计算机技术相结合的产物。

4.2.1 互联网主要特点

互联网从诞生之初就具有开放、自由、平等、合作和免费的特性，经过不断地发展，形成了自己的特色，互联网的主要特点有：

（1）高效率：主要指信息传播的效率，互联网没有围墙、门槛的聚集属性，信息一经发出就能迅速让人们都知晓。

（2）高精准度：主要指信息传播的靶向性，互联网的使用习惯使线下的被动接收信息变成线上主动搜索信息，使发布的信息能精确的传递到用户。

（3）实时便捷：主要指信息的展示不受地域、时空的限制，并且保持 24 小时不休地进行展示，只需一部智能设备，人们就可以随时随地的查找自己所需要的内容。

（4）互动联系：主要指信息的展现方式，各类软件、App 等 IT 工具的开发与出现，使得人与信息（物）、人与人的沟通、互动更多样、更灵活、更全面。

（5）展现丰富生动：主要指信息的展现渠道、载体、内容，形式更丰富、更有趣，如动画、视频、音频、图案等，用户体验更好。

4.2.2 网络通信协议

网络通信协议是一种网络通用语言，为连接不同操作系统和不同硬件体系结构的互联网络提供通信支持。常见的网络通信协议有TCP/IP协议、IPX/SPX协议、NetBEUI协议等。

（1）TCP/IP（transmission control protocol/internet protocol，传输控制协议/网际协议）协议具有很强的灵活性，支持任意规模的网络，几乎可连接所有服务器和工作站。在使用TCP/IP协议时，每个结点至少需要一个IP地址、一个子网掩码、一个默认网关、一个主机名。

IP用于对数据包进行路由和寻址，以便它们可以跨网络传播并到达正确的目的地。在互联网上传播的数据分割为较小的碎片，称为数据包。IP信息附加到每个数据包上，此信息可帮助路由器将数据包发送到正确的位置。每个连入互联网的设备或域都被分配一个IP地址，当数据包定向到与之关联的IP地址时，数据便能到达需要的地方。

数据包到达目的地后，将根据与IP结合使用的传输协议对数据包进行不同的处理。最常见的传输协议是TCP和UDP。

（2）IPX/SPX（Internetwork packet exchange/sequences packet exchange，网际包交换/顺序包交换）协议是Novell公司的通信协议集，具有强大的路由功能，适合于大型网络。IPX主要实现网络设备之间连接的建立维持和终止；SPX协议是IPX的辅助协议，主要实现发出信息的分组、跟踪分组传输，保证信息完整无缺的传输。

（3）NetBEUI（NetBIOS enhanced user interface，NetBIOS增强用户接口）协议是一种短小精悍、通信效率高的广播型协议，安装后不需要进行设置，特别适合于在网络邻居传送数据。

4.2.3　常见的互联网通信技术

1. 局域网技术

局域网（local area network，LAN），是指在某一区域内由多台计算机互联而成的计算机集合。这里提到的"某一区域"可以是同一办公室、同一建筑物或楼群间等，范围一般是十公里以内。

局域网上的每一台计算机（或其他网络设备）都有一个或多个局域网IP地址，这个地址称为私网或内网IP地址，局域网IP地址是局域网内部分配的，不同局域网的IP地址可以重复。局域网可以实现文件管理、应用软件共享、打印机共享、扫描仪共享、工作组内的日程安排、电子邮件和传真通信服务等功能。

以太网（Ethernet）是当前局域网通信技术中应用最广泛的一种，它是IEEE组织的IEEE 802.3小组制定的技术标准，它规定了物理层的接线规范、电子信号规范以及介质访问控制协议等方面的内容。目前以太网的传输的速率可达到10 Mbps|100 Mbps|1000 Mbps，高速以太网的传输速率还可以可达到10 Gbps。

目前，以太网通信技术在物联网通信中也起到非常重要的作用，它可以通过交换机将连接到串口服务器的物联网终端互联，如图4-12所示，物联网终端采集的数据通过相应转换后，利用现有的以太网通信技术进行互联。

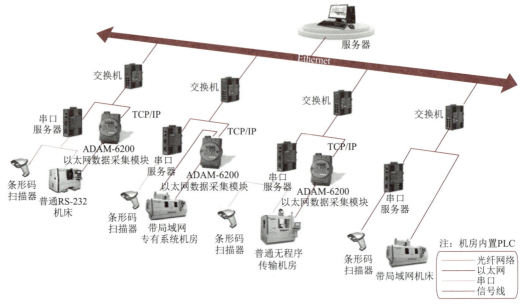

图 4-12　局域网技术与物联网通信

2. 广域网技术

广域网（wide area network，WAN）也称远程网，通常所覆盖的范围从几十千米到几千千米，它能连接多个城市或国家形成国际性的远程网络。

广域网是由许多交换机组成的，交换机之间采用点到点线路连接，几乎所有的点到点通信方式都可以用来建立广域网，包括租用线路、光纤、微波、卫星信道。

广域网上的每一台计算机（或其他网络设备）都有一个或多个广域网 IP 地址，这个 IP 地址称为公网地址，要从 ISP 处申请获得，广域网 IP 地址不能重复。广域网的通信子网主要使用分组交换技术，可以利用公用分组交换网、卫星通信网和无线分组交换网等。它将分布在不同地区的局域网或计算机系统互连起来，达到资源共享的目的。互联网是世界范围内最大的广域网。

3. 接入网技术

接入网是指主干网络到用户终端之间的所有设备。其长度一般为几百米到几千米，被形象地称为"最后一公里"。由于主干网一般采用光纤结构，传输速度快，因此，接入网便成为了整个网络系统的瓶颈。

接入网的接入方式包括铜线（普通电话线）接入、光纤接入、光纤同轴电缆（有线电视电缆）混合接入、无线接入和以太网接入等几种方式。

知识拓展：互联网通信技术微课视频（4-2 互联网通信技术），请扫描二维码！

4.3 短距离无线通信技术

无线通信网络是利用无线通信技术、通信设备、通信标准和协议等组成的通信网络。根据通信距离不同,无线网络分为无线个人局域网、无线局域网、无线城域网和无线广域网。

无线个人局域网(wireless personal area network,WPAN)位于整个网络链的末端,用于实现同一地点终端与终端间的连接,如连接手机和蓝牙耳机等。WPAN所覆盖的范围一般在10 m半径以内,必须运行于许可的无线频段。WPAN设备具有价格便宜、体积小、易操作和功耗低等优点。

IEEE、ITU等组织都致力于WPAN标准的研究,其中IEEE组织对WPAN的规范标准主要集中在802.15系列。支持无线个人局域网的技术包括蓝牙、ZigBee、超频波段(UWB)、Z-WAVE、IrDA、HomeRF等。

4.3.1 蓝牙技术

蓝牙标准是在1998年,由爱立信、诺基亚、IBM等公司共同推出的,即后来的IEEE 802.15.1标准。蓝牙技术为固定设备或移动设备之间的通信环境建立通用的无线空中接口。蓝牙技术利用时分多址、高速跳频等方法进行数据传递。当前,蓝牙技术的发展方向重点在于移动设备方面,目标是能够有效地简化移动设备同计算机之间的数据传递过程,同时具备较强的工作效率。

蓝牙无线通信技术工作于2.4 GHz的工业基础设施(institute for supply management,ISM)频段,采用1 600跳/s的快速跳频技术、正向纠错编码(FEC)技术和FM调制方式,设备简单,支持点对点、点对多点通信。蓝牙具有点对点的超低功耗的特性,它将是物联网的一个重要连接方式。

最新的蓝牙技术标准是蓝牙5.3,它于2021年1月发布,与之前的版本相比,蓝牙5.3增强了蓝牙技术在物联网、自动驾驶、智能家居、健康医疗等领域的应用,具有更低的功耗、更强的安全性和更高的带宽等特点。蓝牙5.3还引入了新的数据包类型,支持广播定向和自定义广播,增强了设备之间的通信能力。此外,蓝牙5.3还支持多播、组播和多连接等功能,可以在更多的场景下提供更好的通信体验。

基于蓝牙技术的设备在网络中所扮演的角色有主设备和从设备之分。主设备负责设定跳频序列,从设备必须与主设备保持同步。主设备负责控制主从设备之间的业务传输时间与速率。在组网方式上,蓝牙设备中的主设备与从设备可以形成一点到多点的连接,即在主设备周围组成一个微微网,网内任何从设备都可与主设备通信,而且这种连接无须任何复杂的软件支持,但是一个主设备同时最多只能与网内的7个从设备连接通信。同样,在一个有效区域内多个微微网通过节点桥接可以构成散射网。

知识拓展:更多蓝牙通信技术,请扫描二维码。

4.3.2 ZigBee 技术

ZigBee（译名"紫蜂"）是一种短距离、低功率、低速率无线接入技术。2001年8月，ZigBee Alliance 正式成立，2004年 ZigBee 的第一个版本 V1.0 正式诞生，2006年，ZigBee 2006 推出，修改了 V1.0 版本中存在的一些错误，并对其进行了完善，2007年，ZigBee Pro 版本推出，随后2009年3月，ZigBee 采用 IETF 的 IPv6 6Lowpan 标准作为新一代智能电网（Smart Energy）的标准，ZigBee 也将逐渐被 IPv6 6Lowpan 标准所取代。2016年发布了 ZigBee 3.0，是 ZigBee 联盟制定的最新一代无线网络技术标准。ZigBee 3.0 提供了更加灵活的网络拓扑结构和更好的互操作性，使得不同厂家的设备可以更加方便地相互通信。同时，ZigBee 3.0 还支持更高的数据速率和更低的功耗，能够满足更广泛的应用场景需求，如智能家居、工业自动化、物联网等。此外，ZigBee 3.0 还引入了更多的安全特性，如支持128位 AES 加密，保证通信的机密性和完整性。ZigBee 3.0 还支持 IPv6 协议栈，使其能够更加紧密地集成到互联网中，以便更好地支持云端应用。

ZigBee 标准是基于 IEEE 802.15.4 无线标准研制开发的关于组网、安全和应用软件等方面的技术标准，是 IEEE 802.15.4 的扩展集，它由 ZigBee 联盟与 IEEE 802.15.4 工作组共同制定。ZigBee 工作在 2.4 GHz 频段，共有27个无线信道，其主要技术的特点如下：

- 功耗低：待机模式下，2节5号电池可以使用6～24个月。
- 低速率：数据传输速率的范围在20～250 kbit/s。
- 成本低：ZigBee 数据传输率低，协议简单，成本较低，且 ZigBee 协议免收专利费。
- 容量大：ZigBee 网络中，一个节点可以最多管理254个子节点，且该节点还可以由其上一层网络节点进行管理，网络最多可以支持65 000多个节点。
- 低延迟：ZigBee 网络响应速度快，节点从睡眠状态转入工作状态只需要15 ms，节点连接到网络只需要30 ms。
- 短距离：ZigBee 的传输距离一般在10～100 m 的范围。
- 安全性：ZigBee 提供了三级安全模式（分别是网络密钥、链接密钥和主密钥，它们在数据加密过程中使用），保证网络的安全性，采用 AES-128 加密算法，同时可以灵活确定其安全属性。
- 可靠性：采用碰撞避免的策略，并为需要固定带宽的通信业务提供专用时隙，从而避开发送数据的竞争和冲突。

ZigBee 网络中定义了两种无线设备，分别是全功能设备（FFD）和精简功能设备（RFD）。网络中的节点可以分成三种类型，即 ZigBee 协调器节点、路由节点和终端节点，其中：

- 协调器节点：是网络的主要控制者，负责建立新的网络、设定网络参数、管理网络节点等。
- 路由节点：负责路由发现、消息转发等。
- 终端节点：主要是终端的感知设备，如温湿度传感器节点、光照传感器等，它可以由路由节点中转连接到协调器节点,也可以直接与协调器节点连接,从而接入到网络中。但终端节点不允许别的节点通过它介入到网络。

对于 FFD 来说,该节点可以同时具备协调器、路由器和终端节点的功能,而 RFD 则只具有其中一种类型的功能。图 4-13 所示为 ZigBee 网络拓扑。

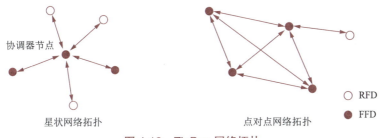

图 4-13 ZigBee 网络拓扑

知识拓展:6LoWPAN 是一种基于 IPv6 的低速无线个域网标准,即 IPv6 over IEEE 802.15.4。

更多 ZigBee 通信技术知识,请扫描二维码。

4.3.3 UWB 技术

UWB(ultra wideband),即超宽带技术,技术标准为 IEEE 802.15.3a,该技术早期被用来在近距离进行高速数据传输,但近年来,国外开始利用其亚纳米级超窄脉冲来进行近距离的精确室内定位。

UWB 是一种无载波通信技术,是一种超高速的短距离无线接入技术。它在较宽的频谱上传送极低功率的信号,能在 10 m 左右的范围内实现数百 Mbit/s ~1 Gbit/s 的数据传输率,具有抗干扰性能强、传输速率高、带宽极宽、消耗电能小、保密性好、发送功率小等诸多优势。UWB 早在 1960 年就开始开发,但仅限于军事应用,美国 FCC 于 2002 年 2 月准许该技术进入民用领域。UWB 技术目前在高精度定位、数据传输、雷达和室内定位等领域有着广泛的应用。例如,UWB 技术可以应用于无线传感器网络、室内定位、智能家居、智能医疗等方面,为物联网的发展提供了有力的支持。不过,目前,学术界对 UWB 是否会对其他无线通信系统产生干扰仍在争论当中。

知识拓展:更多 UWB 通信技术知识,请扫描二维码。

4.3.4 NFC 技术

NFC(near field communication),即近场通信技术,如图 4-14 所示。该技术由飞利浦公司和索尼公司共同研制,并与诺基亚等公司共同发起了 NFC 论坛,它是一种非接触式识别和互联技术,也可以把其视作 RFID 阅读器与智能卡的功能整合在一起的产物,目前,NFC

广泛应用于智能手机等移动设备和消费类电子产品中，利用开启了NFC功能的智能手机可以进行公交一卡通、信用卡、门禁等移动支付的应用场景，极大提高了人们支付的便捷性。

图 4-14　近场通信技术

NFC的工作频率在13.56 MHz，通信距离在10 cm以内，支持106 kbit/s、212 kbit/s和424 kbit/s三种传输速率。

NFC可以有主动和被动两种数据交换模式，在被动模式下，启动NFC主设备，在整个通信过程中提供RF-Field（射频场），可以选择上述三种速率中的一种，并将数据发送至另一台设备。另一台设备为从设备，其不产生RF-Field，而使用Load modulation（负载调制）技术，以相同的速率将数据回传给发起设备。在主动模式下，发起设备和目标设备都需要产生自己的RF-Field，便于进行相互通信。

知识拓展：更多NFC通信技术知识，请扫描二维码。

4.3.5　Z-WAVE技术

Z-WAVE是由丹麦的Zensys公司主导推出的一项短距离无线通信技术，Z-WAVE是一项基于射频的、低成本、低功耗、高可靠性的短距离无线通信技术，它工作的频带有两种类型，分别是美国使用的908.42 MHz和欧洲使用的868.42 MHz，采用的调制方式为FSK（BFSK二进制频移键控/GFSK高斯频移键控），数据传输速率为9.6 kbit/s，有效的信号覆盖范围在室内可以达到30 m，室外可以超过100 m。

目前，Z-WAVE技术广泛应用于智能家居、商业照明控制等商业应用中，如家电控制、接入控制、安防控制等，如图4-15所示，它可以将任何独立的设备转换为智能网络设备，从而实现远程监测与控制。

图 4-15　Z-WAVE 智能家居应用场景

知识拓展：更多Z-WAVE通信技术知识，请扫描二维码。

4.3.6 IrDA 技术

IrDA 是国际红外数据协会的英文缩写，IrDA 是一种利用红外线进行点对点通信的技术，它在技术上具有以下特点：

（1）高速传输：IrDA 技术采用红外线传输数据，传输速度高达 4 Mbit/s，远高于其他无线通信技术。

（2）节能环保：IrDA 技术无须额外的电源，仅通过光信号传输数据，具有非常低的功耗和良好的节能环保特性。

（3）安全性高：IrDA 技术的数据传输是点对点的，通信双方必须对准，不容易被窃听或干扰，具有很高的安全性。

（4）通信距离短：IrDA 技术的通信距离一般在 1 m 以内，只适用于近距离的无线通信。

IrDA 由于采用点到点的连接，数据传输所受到的干扰较少，速率可达 16 Mbit/s。但是，IrDA 是一种视距传输技术，也就是说具有 IrDA 端口的设备之间如果试图传输数据，中间就不能有阻挡物。其次，IrDA 设备中的核心部件红外线 LED 不是一种十分耐久的部件。

IrDA 技术在早期应用比较广泛，如在移动电话、数码照相机、打印机等设备中都有应用。但随着其他无线通信技术的发展，如蓝牙、Wi-Fi 等的普及，IrDA 技术的应用已经逐渐减少。

知识拓展：更多 IrDA 通信技术知识，请扫描二维码。

IrDA 技术

4.3.7 HomeRF 技术

HomeRF 技术是专门为家庭用户设计的家庭区域范围内使用的无线射频技术。HomeRF 利用跳频扩频方式，通过家庭中的一台主机在移动数据和语音设备之间实现通信，既可以通过时分复用支持语音通信服务，又可以通过载波监听多重访问/冲突避免协议提供数据通信服务。HomeRF 技术具有以下特点：

（1）低速传输：HomeRF 技术的传输速率比较低，最高只有 10 Mbit/s，因此只适用于低速数据传输。

（2）易于安装：HomeRF 技术使用无线连接，避免了布线的麻烦，设备安装和配置简单。

（3）低成本：HomeRF 技术的设备成本相对较低，适用于普及家庭网络应用。

（4）兼容性强：HomeRF 技术兼容其他无线网络技术，如蓝牙、Wi-Fi 等。

HomeRF 是 IEEE 802.11 与数字增强无绳电话（digital enhanced cordless telephone，DECT）的结合，旨在降低语音数据成本。HomeRF 工作在 2.4 GHz 频段，能同步支持四条高质量语音信道。

HomeRF 技术曾经在早期的家庭网络应用中有过广泛的应用，如家庭电话、无线互联等，但由于技术限制和其他无线技术的兴起，HomeRF 技术的应用逐渐减少。现在 HomeRF 技术已经被 Wi-Fi 等其他更先进的无线技术所取代。

知识拓展：更多 HomeRF 通信技术知识，请扫描二维码。

HomeRF

几种 WPAN 短距离无线通信技术的特点比较见表 4-1。

表 4-1 几种 WPAN 短距离无线通信技术特点比较

技术指标	蓝牙	ZigBee	UWB	NFC	Z-WAVE	IrDA	HomeRF
工作频段	2.4 GHz	2.4 GHz	3.1～10.6 GHz	13.56 MHz	908.42 MHz（美国） 868.42 MHz（欧洲）	红外线	2.4 GHz
传输速率	1 Mbit/s	120～250 Kbit/s	480 Mbit/s	106 kbit/s 212 kbit/s 424 kbit/s	9.6 kbit/s	16 Mbit/s	6~10 Mbit/s
有效通信距离	10 m	10～100 m	10 m	10 cm 以内	30 m（室内） 100 m（室外）	1 m	50 m
应用前景	中	好	好	好	好	一般	中

Wi-Fi

4.3.8 Wi-Fi 技术

Wi-Fi 技术，即无线局域网技术，它是利用电磁波在空气中发送和接收数据，无须线缆介质，通信范围不受环境条件限制，传输范围大大拓宽，最大可达几十千米。无线局域网抗干扰性强，保密性好。相对有线网络，无线局域网组建较为容易，配置维护也很简单。由于 WLAN 的这些优点，WLAN 在很多不适合网络布线的场合得到了广泛应用。

1. 无线局域网的基本组成

无线局域网由无线网卡和无线网关组建而成。无线网卡类似于以太网卡，作为无线网络的接口，实现计算机与无线网络的连接。无线网卡有三类：

- PCI 无线网卡：适用于普通的台式计算机。
- USB 无线网卡：适用于笔记本计算机和台式机计算机，支持热拔插。
- PCMCIA 无线网卡：仅适用于笔记本计算机，支持热拔插。

无线网关也称无线接入点或无线 AP（acess point）、无线网桥，其功能类似于有线网络中的集线器。无线 AP 有一个以太网接口，用于实现无线网络和有线网络的连接。

2. 无线局域网的拓扑结构

无论采用哪种传输技术，无线局域网的拓扑结构分为两大基本类型：

1）有中心拓扑

有中心拓扑结构是 WLAN 的基本结构，它至少包含一个 AP 作为中心站构成星状结构。在 AP 覆盖范围内的所有站点之间的通信和接入因特网均由 AP 来控制，AP 类似于有线以太网中的 Hub，因此有中心拓扑结构也称为基础网络结构。

基础结构模式（infrastructure）由 AP、无线工作站以及分布式系统 DSS（distribution

system services）构成，覆盖的区域称为基本服务集（basic service set，BSS）。无线工作站与AP关联采用AP的基本服务区标识符（basic service set identifier，BSSID）。在IEEE 802.11中，BSSID是AP的MAC地址。从应用角度出发，绝大多数无线局域网都属于有中心网络拓扑结构。有中心网络拓扑的抗摧毁性差，AP的故障容易导致整个网络瘫痪。

一个AP一般有两个接口，都是支持IEEE 802.11协议的WLAN接口。在基本结构中，不同站点之间不能直接进行通信，只能通过访问AP建立连接。

AP覆盖范围是有限的，室内一般为100 m左右，室外一般为300 m左右，对于覆盖较大区域范围时，需要安装多个AP，这时需要勘察确定AP的安装位置，避免邻近AP的干扰，考虑频率重用。多个AP网络结构与目前蜂窝移动通信网相似，用户可以在网络内进行越区切换和漫游，当用户从一个AP覆盖区域漫游到另一个AP覆盖区域时，用户站设备搜索并试图连接到信号最好的信道，同时还可随时进行切换，由AP对切换过程进行协调和管理。

2）无中心拓扑

无中心拓扑结构也被称为自组织网络或对等网络，即人们常称的Ad-Hoc网络。基于这种结构建立的自组织型WLAN至少有两个站，各个用户站（STA）对等互连成网状结构。点对点Ad-Hoc对等结构就相当于有线网络中的多台计算机（一般最多是3台）直接通过网卡互联，中间没有集中接入设备（没有无线接入点AP），信号是直接在两个通信端点对点传输的。

在Ad-Hoc网络的BSS中，任一站点可与其他站点直接进行通信。一个BSS可配置一个AP，多个AP即多个BSS就组成了一个更大的网络，称为扩展服务集（ESS）。无中心拓扑结构WLAN的主要特点是无须布线、建网容易、稳定性好，但这个结构容量有限，只适用于个人用户站之间互联通信，不能用来开展公众无线接入业务。

3. 无线局域网标准

IEEE 802.11系列标准是IEEE制定的无线局域网标准，主要对网络的物理层和媒质访问控制层进行规定，其中重点是对媒质访问控制层的规定。目前该系列的标准有IEEE 802.11、IEEE 802.11b、IEEE 802.11a、IEEE 802.11g、IEEE 802.11d、IEEE 802.11n、IEEE 802.11ac、IEEE 802.11ax等，其中每个标准都有其自身的优势和缺点。下面就常见的IEEE 802.11系列标准进行简单介绍。

1）IEEE 802.11

IEEE 802.11是最早提出的无线局域网网络规范，是IEEE于1997年6月推出的，它工作于2.4 GHz的ISM频段，物理层采用红外、跳频扩频（frequency hopping spread spectrum，FHSS）或直接序列扩频（direct sequence spread spectrum，DSSS）技术，其数据传输速率最高可达2 Mbit/s，它主要应用于解决办公室局域网和校园网中用户终端等的无线接入问题。使用FHSS技术时，2.4 GHz频道被划分成75个1 MHz的子频道，当接收方和发送方协商一个调频的模式，数据则按照这个序列在各个子频道上进行传送，每次在IEEE 802.11网络上进行的会话都可能采用了一种不同的跳频模式,采用这种跳频方式避免了两个发送端同时采用同一个子频段;而DSSS技术将2.4 GHz的频段划分成14个22 MHz的子频段,数据就从14个频段中选择一个进行传送而不需要在子频段之间跳跃。由于临近的频段互相重叠,在这14个子频段中只有3个频段是互不覆盖的。IEEE 802.11由于数据传输速率上的限制,在1999年也紧跟着推出了改进后的IEEE 802.11b。但随着网络的发展,特别是IP语音、视频数据流等高带宽网络应用的需要,IEEE 802.11b只有11 Mbit/s的数据传输率不能满足实际需要。于是,传输速率高达54 Mbit/s的IEEE 802.11a和IEEE 802.11g也都陆续推出。

2) IEEE 802.11b

IEEE 802.11b又称为Wi-Fi,是目前最普及、应用最广泛的无线标准。IEEE 802.11b工作于2.4 GHz频带,物理层支持5.5 Mbit/s和11 Mbit/s两个速率。IEEE 802.11b的传输速率会因环境干扰或传输距离而变化,其速率在1 Mbit/s、2 Mbit/s、5.5 Mbit/s、11 Mbit/s之间切换,而且在1 Mbit/s、2 Mbit/s速率时与IEEE 802.11兼容。IEEE 802.11b采用了直接序列扩频DSSS技术,并提供数据加密,使用的是高达128位的有线等效保密协议(wired equivalent privacy,WEP)。但是IEEE 802.11b和后面推出的工作在5 GHz频率上的IEEE 802.11a标准不兼容。

从工作方式上看,IEEE 802.11b的工作模式分为两种:点对点模式和基本模式。点对点模式是指无线网卡和无线网卡之间的通信方式,即一台配置了无线网卡的计算机可以与另一台配置了无线网卡的计算机进行通信,对于小规模无线网络来说,这是一种非常方便的互联方案;而基本模式则是指无线网络的扩充或无线和有线网络并存时的通信方式,这也是IEEE 802.11b最常用的连接方式。在该工作模式下,配置了无线网卡的计算机需要通过"无线接入点"才能与另一台计算机连接,由接入点来负责频段管理等工作。在带宽允许的情况下,一个接入点最多可支持1 024个无线节点的接入。当无线节点增加时,网络存取速度会随之变慢,此时通过添加接入点的数量可以有效地控制和管理频段。

IEEE 802.11b技术的成熟使得基于该标准网络产品的成本得到大幅度的降低,无论家庭还是公司企业用户,无须太多的资金投入即可组建一套完整的无线局域网。当然,IEEE 802.11b并不是完美的,也有其不足之处,IEEE 802.11b最高11 Mbit/s的传输速率并不能很好地满足用户高数据传输的需要,因而在要求高宽带时,其应用也受到限制,但是可以作为有线网络的一种很好的补充。

3) IEEE 802.11a

IEEE 802.11a工作于5 GHz频带,但在美国是工作于U-NII频段,即5.15～5.25 GHz、5.25～5.35 GHz、5.725～5.825 GHz三个频段范围,其物理层速率可达54 Mbit/s,传输层可达25 Mbit/s。IEEE 802.11a的物理层还可以工作在红外线频段,波长为850～950 nm,信号传输距离约10 m。IEEE 802.11a采用正交频分复用(OFDM)的独特扩频技术,并提供25 Mbit/s的无线ATM接口和10 Mbit/s的以太网无线帧结构接口,支持语音、数据、图像业务。IEEE 802.11a使用正交频分复用技术来增大传输范围,采用数据加密可达152位的WEP。

就技术角度而言，IEEE 802.11a 与 IEEE 802.11b 之间的差别主要体现在工作频段上。由于 IEEE 802.11a 工作在与 IEEE 802.11b 不同的 5 GHz 频段，避开了大量无线电子产品广泛采用的 2.4 GHz 频段，因此其产品在无线通信过程中所受到的干扰大为降低，抗干扰性较 IEEE 802.11b 更为出色。高达 54 Mbit/s 数据传输带宽，是 IEEE 802.11a 的真正意义所在。当 IEEE 802.11b 以其 11 Mbps 的数据传输率满足了一般上网浏览网页、数据交换、共享外设等需求的时候，IEEE 802.11a 已经为今后无线宽带网的高数据传输要求做好了准备，从长远的发展角度来看，其竞争力是不言而喻的。此外，IEEE 802.11a 的无线网络产品较 IEEE802.11b 有着更低的功耗，这对笔记本电脑及 PDA 等移动设备来说也有着重大实用价值。

然而在 IEEE 802.1la 的普及过程中也面临着很多问题。首先，来自厂商方面的压力。IEEE 802.11b 已走向成熟，许多拥有 IEEE 802.11b 产品的厂商会对 IEEE 802.11a 都持保守态度。从目前的情况来看，由于这两种技术标准互不兼容，不少厂商为了均衡市场需求，直接将其产品做成了"a+b"的形式，这种做法虽然解决了"兼容"问题，但也使得成本增加。其次，由于相关法律法规的限制，使得 5 GHz 频段无法在全球各个国家中获得批准和认可。5 GHz 频段虽然令基于 IEEE 802.11a 的设备具有了低干扰的使用环境，但也有其不利的一面，由于太空中数以千计的人造卫星与地面站通信也恰恰使用 5 GHz 频段，这样它们之间产生的干扰是不可避免的。此外，欧盟也已将 5 GHz 频率用于其自己制定的 HiperLAN 无线通信标准。

4）IEEE 802.11g

IEEE 802.11g 是对 IEEE 802.11b 的一种高速物理层扩展，它也工作于 2.4 GHz 频段，物理层采用直接序列扩频（DSSS）技术，而且它采用了 OFDM 技术，使无线网络传输速率最高可达 54 Mbit/s，并且与 IEEE 802.11b 完全兼容。IEEE 802.11g 和 IEEE 802.11a 的设计方式几乎是一样的。

IEEE 802.11g 的出现为无线传感器网络市场多了一种通信技术选择，但也带来了争议，争议的焦点是围绕在 IEEE 802.11g 与 IEEE 802.11a 之间的。与 IEEE 802.11a 相同的是，IEEE 802.11g 也采用了 OFDM 技术，这是其数据传输能达到 54 Mbit/s 的原因。然而不同的是，IEEE 802.11g 的工作频段并不是 IEEE 802.11a 的工作频段 5 GHz，而是和 IEEE 802.11b 一致的 2.4 GHz 频段，这样一来，使得基于 IEEE 802.11b 技术产品的用户所担心的兼容性问题得到了很好的解决。

5）IEEE 802.11n

IEEE 802.11n 标准于 2009 年发布，是继 802.11a/b/g 之后的一种更快、更稳定的无线局域网技术。与之前的标准相比，802.11n 采用了 MIMO（多入多出）技术，可以同时使用多个天线发送和接收数据，从而提高了数据传输的速率和稳定性。此外，该标准还支持 20 MHz 和 40 MHz 两种信道宽度，可以更好地适应不同的网络环境和需求。802.11n 最高可以支持 600 Mbit/s 的传输速率，相比之前的标准有了大幅度的提升。同时，该标准还支持更远的无线覆盖范围，可以提供更好的无线网络覆盖和稳定性。

6）IEEE 802.11ac

IEEE 802.11ac 标准于2013年发布，是继802.11n之后的一种更快、更稳定的无线局域网技术。与之前的标准相比，802.11ac 采用了更高的频段和更宽的信道宽度，可以提供更高的数据传输速率和更稳定的信号。该标准还支持 MU-MIMO（多用户多输入多输出）技术，可以同时为多个用户提供更快的数据传输速率，适用于高密度的网络环境，802.11ac 最高可以支持 6.93 Gbit/s 的传输速率。

7）IEEE 802.11ax

IEEE 802.11ax 也被称为"Wi-Fi 6"，是继802.11ac之后的最新一代无线局域网技术。该标准于2019年发布，采用了一系列新技术和协议，旨在提供更高的数据传输速率、更好的信号稳定性和更高的网络效率。802.11ax 采用了 OFDMA（正交频分多址）技术，可以将单个频段分成多个子信道，从而支持多个设备同时传输数据，提高了网络的容量和效率。该标准也支持 MU-MIMO 技术，可以为多个用户提供更快的数据传输速率，适用于高密度的网络环境。802.11ax 最高可以支持 9.6 Gbit/s 的传输速率，为高速数据传输、多用户连接和高密度网络环境提供了更为高效和可靠的无线连接。

除了以上标准外，还有一些较为新的 Wi-Fi 标准，如802.11ad（传输速率最高可达 7 Gbit/s，适合高速数据传输）、802.11ah（适用于物联网应用）等。这些标准的出现，不断推动了 Wi-Fi 技术的发展和应用。

4.4 LPWAN 低功耗无线广域网技术

根据传输速率的不同，物联网业务分为高、中、低速三类：

- 高速率业务：主要使用4G及5G技术，例如车载物联网设备和监控摄像头，对应的业务特点要求实时的数据传输。

- 中等速率业务：主要使用 GPRS 技术，例如居民小区或超市的储物柜，使用频率高但并非实时使用，对网络传输速度的要求远不及高速率业务。

- 低速率业务：业界将低速率业务市场归纳为（low power wide area network，LPWAN）市场，即低功耗广域网。

对于需要远距离大范围覆盖的场景来说，我们熟悉的蓝牙、Wi-Fi、ZigBee这些技术都不适合，我们需要低功耗广域网 LPWAN 技术。

LPWAN 技术的特点是：覆盖广，支持大范围组网；连接终端节点多，可以同时连接成千上万的节点；功耗低，只有功耗低才能保证续航能力，减少更换电池的麻烦；传输速率低，因为主要是传输一些传感数据和控制指令，不需要传输音视频等多媒体数据，所以也就不需要太高的速率，而且低功耗也限制了传输速率。当然还有重要的一点就是成本要低。

无线通信技术是物联网的传输基础，随着智慧城市大应用成为热门发展，各种技术推陈出新，目前有多种LPWAN技术和标准，在这里重点关注Sig-Fox、LoRa、NB-IoT和LTE eMTC这几项LPWAN技术。

4.4.1 NB-IoT技术

目前在我国最受关注的LPWAN技术莫过于NB-IoT。NB-IoT作为我国战略性新兴产业之一，其规模化商用正在不断加速。目前，中国电信、中国移动和中国联通三大运营商已经在全国范围内商用NB-IoT。作为物联网商用的主角，NB-IoT技术将会深度渗透到公共事业、物流、汽车、农业、医疗、工业物联和可穿戴设备等行业应用中去。

1．NB-IoT的技术特征

NB-IoT（narrow band internet of things）是2015年9月在3GPP标准组织中立项提出的一种新的窄带蜂窝通信LPWAN技术。NB-IoT构建于蜂窝网络，只消耗大约180 KHz的带宽，可直接部署于GSM网络、UMTS网络或LTE网络，以降低部署成本、实现平滑升级。NB-IoT的主要技术特征如图4-16所示。

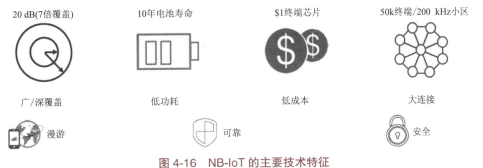

图4-16 NB-IoT的主要技术特征

具体说明如下：

（1）大连接：在同一基站的情况下，NB-IoT可以比现有无线技术提供50～100倍的接入数。每个小区能够支持5万用户的连接数，支持低延时敏感度、超低的设备成本、低设备功耗和优化的网络架构。举例来说，受限于带宽，运营商给家庭中每个路由器仅开放8～16个接入口，而一个家庭中往往有多部手机、笔记本电脑、平板电脑，未来要想实现全屋智能、上百种传感设备需要联网就成了一个棘手的难题。而NB-IoT足以轻松满足未来智慧家庭中大量设备联网需求。

（2）广/深覆盖：NB-IoT室内覆盖能力强，MCL比LTE提升20 dB增益，相当于提升了100倍覆盖区域能力。不仅可以满足农村这样的广覆盖需求，对于厂区、地下车库、井盖这类对深度覆盖有要求的应用同样适用。以井盖监测为例，过去GPRS的方式需要伸出一根天线，车辆来往极易损坏，而NB-IoT只要部署得当，就可以很好解决这一难题。

（3）低功耗：低功耗特性是物联网应用一项重要指标，特别对于一些不能经常更换电池的设备和场合,如安置于高山荒野偏远地区中的各类传感监测设备,它们不可能像智能手机那样一天一充电,长达几年的电池使用寿命是最基本的需求。NB-IoT聚焦小数据量、小速率应用,因此NB-IoT设备功耗可以做到非常小,设备续航时间可以从过去的几个月大幅提升到几年。NB-IoT借助PSM和eDRX可实现更长待机。其中PSM(power saving mode,节电模式)技术是Rel-12中新增的功能,在此模式下,终端仍旧注册在网但信令不可达,从而使终端更长时间驻留在深睡眠以达到省电的目的。

(4)低成本:与LoRa相比,NB-IoT无须重新建网,射频和天线基本上都是复用的。以中国移动为例,900 MHz里面有一个比较宽的频带,只需要清出来一部分2 GHz的频段,就可以直接进行LTE和NB-IoT的同时部署。

低速率、低功耗、低带宽同样给NB-IoT芯片以及模组带来低成本优势。模块价格也将不超过5美元。

2. NB-IoT 的网络架构

NB-IOT的网络架构如图4-17所示。其中:

- NB-IoT终端通过空口连接到eNodeB基站。
- eNodeB基站主要承担了空口的接入处理以及小区管理等功能,并通过S1-lite接口与IoT核心网进行连接,将接入层终端采集的数据通过COAP或UDP协议传送给高层网元处理。
- IoT核心网主要承担与终端非接入层交互的功能,并将IoT业务相关数据转发到IoT联接管理平台。
- IoT联接管理平台将汇聚各个接入网得到IoT数据,并根据不同的类型通过HTTP等协议转发到业务应用器进行处理。
- 应用服务器是IoT数据的最终汇聚点,并根据用户的需求来进行数据处理等操作。

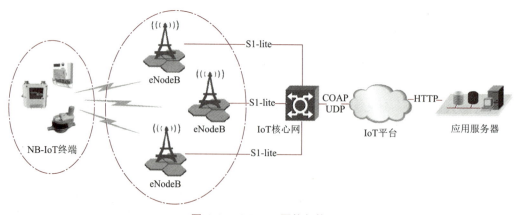

图 4-17　NB-IoT 网络架构

知识拓展: COAP(the constrained application protocol)协议是IETF(interment engineering task force）的CoRE（constrained rESTful environment）工作组提出的一种基于REST架构的协议，主要针对物联网中很多资源受限的设备所设计的。

更多3GPP NB-IoT通信技术知识，请扫描二维码。

NB-IoT

3GPP

4.4.2　LoRa技术

LoRa（long range wide area network，远距离广域网）是美国Semtech公司推广的一种超远距离无线传输方案。2013年8月，Semtech公司发布了一种基于1 GHz以下的超长距离低功耗数据传输技术的芯片。LoRa是长距离（long range）的缩写。LoRa联盟成立于2015年3月，目前拥有超过500多家成员，包括运营商、系统、软件、芯片、模组、云服务、应用厂商，构成完整的生态系统。LoRa产业链成熟比NB-IoT早，针对物联网快速发展的业务需求和技术空窗期，部分运营商选择部署LoRa，作为蜂窝物联网的补充，如Orange，SKT，KPN，Swisscom等。

LoRa使用线性调频扩频调制技术，工作在非授权频段，数据传输速率在3 kbit/s～37.5 kbit/s。LoRa还采用了自适应速率（Adaptive Data Rate，ADR）方案来控制速率和终端设备的发射功率，从而最大化终端设备的续航能力。

LoRa与Sig-Fox最大的不同之处在于LoRa是技术提供商，不是网络运营商。谁都可以购买和运行LoRa设备，LoRa联盟也鼓励电信运营商部署LoRa网络。目前国内已经有一些LoRa的方案商。

2018年4月10日，阿里云与中国联通浙江省分公司联合在中国杭州与宁波部署的基于LoRa器件与无线射频技术（LoRa技术）的物联网平台现已开始商用。

2019年，首个LoRa CloudTM服务平台推出，次年，Semtech又发布了LoRa EdgeTM地理定位平台。

2021年：LoRaWAN被国际电信联盟正式批准为低功耗广域网络（LPWAN）的全球通信标准，标志着其从物联网事实性标准变成真正的国际标准。

2022年：Semtech又推出了LoRa Edge LR1120芯片组，提供多频段LoRa和长距离跳频扩频（LR-FHSS）通信。

近年来，随着我国经济社会数字化、低碳化转型升级，LoRa技术的低功耗、远距离、组网灵活、低成本等特点，能与市场需求高度匹配。因此从智能楼宇及园区、资产追踪、电网监测与能源管理、表计，到消防安防、智慧农业与畜牧管理、工业自动化等垂直行业都加速引入了LoRa技术，并改变着人们的生产和生活方式。

LoRa优点在于：扩大了无线通信链路的覆盖范围（实现了远距离无线传输），具有更强的抗干扰能力。对于同信道GMSK干扰信号的抑制能力达到20 dB。凭借强大的抗干扰性，LoRa调制系统不仅可以用于频谱使用率较高的频段，也可以用于混合通信网络，以便在网络中原有的调制方案失败时扩大覆盖范围。典型的LoRa网络的网络架构如图4-18所示。

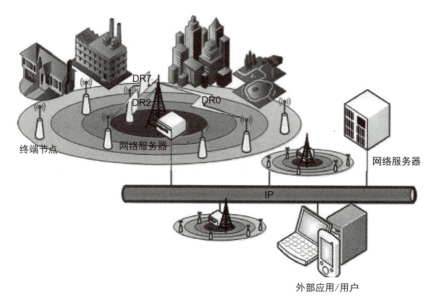

图 4-18 典型的 LoRa 网络的网络架构

4.4.3 Sig-Fox 技术

2009 年，Sig-Fox 兴起于法国的 Sig-Fox 公司，是以超窄带（ultra narrow band，UNB）技术建设物联网设备专用的无线网络，被业界视为 LPWAN 领域最早的开拓者。UNB 技术每秒只能处理 10～1 000 bit 数据，传输功耗水平非常低，却能支持成千上万的连接。

Sig-Fox 公司在全球部署低功耗广域网，为客户提供物联网连接服务，用户设备集成支持 Sig-Fox 协议的射频芯片或模组，开通连接服务后，就可以接入到 Sig-Fox 网络。

如图 4-19 所示的 Sig-Fox 网络架构，用户设备发送带有应用信息的 Sig-Fox 协议数据包，附近的 Sig-Fox 基站负责接收并将数据包传回 Sig-Fox 云服务器，Sig-Fox 云再将数据包分发给对应的客户服务器，由客户服务器来解析及处理应用信息，实现客户设备到服务器的无线连接。

Sig-Fox 技术的主要特点有：

（1）低功耗：具有极低的能耗，可延长电池寿命，一般的电池供电设备工作可长达 10 年。

（2）低成本：从设备中使用的 Sig-Fox 射频模块到 Sig-Fox 网络，Sig-Fox 会优化每个步骤，使其尽可能具有成本效益。

（3）小消息：用户设备只允许发送很小的数据包，最多 12 个字节。

（4）简单易用：基站和设备间没有配置流程连接请求或信令。设备可以在几分钟内完成启动并运行。

（5）互补性：由于其低成本和易于使用，客户还可以使用 Sig-Fox 作为任何其他类型网络的辅助解决方案，例如 Wi-Fi、蓝牙、GPRS 等。

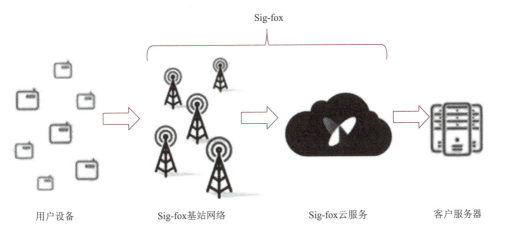

图 4-19 Sig-Fox 生态系统

4.4.4 LTE eMTC 技术

1. 概述

eMTC 技术是 LTE-M（LTE-machine-to-machine）在 3GPP R13 中的定义的一个术语，它是基于 LTE 演进的物联网技术。在之前的 3GPP R12 中，其名称为 Low-Cost MTC，在 R13 中被正式称为 LTE enhanced MTC（即 LTE eMTC）。

eMTC 技术是万物互联技术的一个重要分支，为了更好地适合物-物之间通信，降低通信的成本，它对 LTE 协议进行了相应的剪裁和优化。eMTC 是一种基于蜂窝网络进行部署的物联网技术，用户设备通过支持 1.4 MHz 的射频和基带带宽，可以直接接入现有的 LTE 网络，它比 LTE 技术增强 15 dB，比 GPRS 增强 11 dB，信号可以覆盖到地下 2～3 层，弥补了 4G 室外基站无法实现全覆盖的问题，还支持每个小区超过 1 万个终端，能满足海量用户接入的需求。

eMTC 与 NB-IoT 技术一样，都属于 3GPP 标准中定义的 LPWA 技术，两者的标准化进程、产业发展以及现有的网络应用也是在一起向前推进，但它们也存在一定的差异，如图 4-20 所示，NB-IoT 更倾向于对成本和覆盖有更高要求的物联网应用，而 eMTC 则更侧重于对语音、移动性、速率以及时延有较高要求的物联网应用，与 NB-IoT Cat-NB1 相比，eMTC Cat-M1 具有以下主要优势：

（1）高速率：eMTC 支持上下行最大 1 Mbit/s 的峰值速率，可以支撑更丰富的物联网应用，如低速视频、语音等服务。

（2）移动性：物联网用户可以无缝切换保障用户体验。

（3）支持定位：低成本的定位技术更有利于 eMTC 在物流跟踪、货物跟踪等场景的普及，而不需要额外增加 GPS 模块。

（4）支持语音：eMTC 从 LTE 协议演进而来，可以支持 VOLTE 语音，可被广泛应用到可穿戴设备中。

eMTC	NB-IoT
Cat-M1	Cat-NB1
通过VoLTE和移动性支持并针对最广泛的物联网应用进行优化	为低吞吐量、延迟容忍的物联网用例提供极致优化
高可靠性、关键业务型、时延敏感型应用场景，如楼宇安防、紧急/老人护理、资产跟踪、可穿戴设备、智能跟踪、关键基础设施等	成本高、时延不敏感、低数据量、覆盖存在挑战的应用场景，如能源监测、公共设施、环境监测、停车计时等

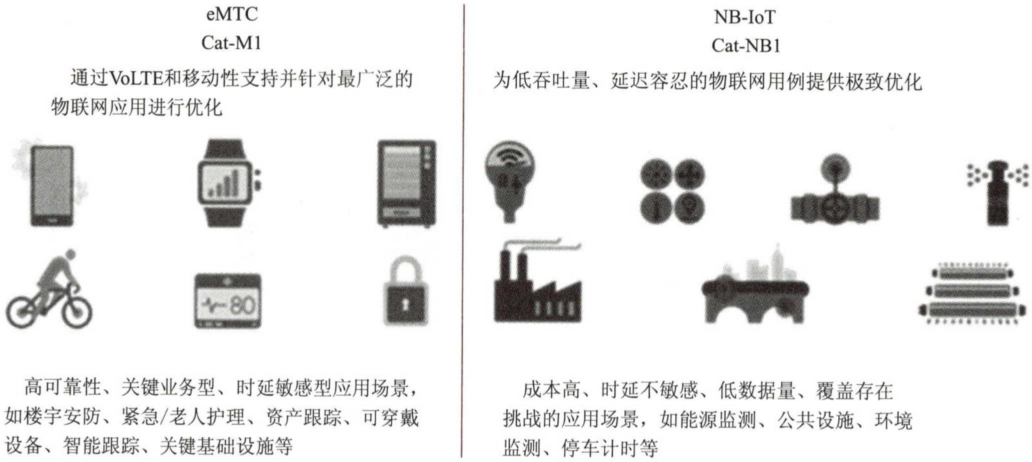

图 4-20 eMTC 与 NB-IoT 技术比较

2. eMTC 作为 LPWAN 的优势

eMTC 技术具备了 LPWAN 的四大基本特征，即广覆盖、大连接、低功耗、低成本。

（1）广覆盖：eMTC 技术比 LTE 技术增强 15 dB，比 GPRS 增强 11 dB，信号可以覆盖到地下 2～3 层，弥补了 4G 室外基站无法实现全覆盖的问题。

（2）大连接：eMTC 技术支持每个小区超过 1 万个终端，能满足海量用户接入的需求。

（3）低功耗：终端待机时间长，eMTC 终端的待机时间最多可达 10 年。

（4）低成本：eMTC 通信模块在产业链的不断推动下，其生产成本在不断降低。

4.4.5 几种LPWAN网络技术的比较

不同的低功耗 LPWAN 技术在不同的场景应用下都有着各自的优势，表 4-2 列举了的几种常见的 LPWAN 低功耗无线广域网技术特点比较。

表 4-2 几种 LPWAN 低功耗无线广域网技术特点比较

LPWAN 技术	频谱	信道带宽	吞吐率	容量	覆盖	时延	网络定位
Sig-Fox	非授权	100 Hz	<100 bit/s	<10 k	MCL=164 dB	<20 s	广域物联网技术 Sig-Fox 与运营商合作建网
LoRa	非授权	125 kHz 500 kHz	<50 kbit/s	<10 k	MCL=155 dB	<10 s	广域物联网技术 独立建网、干扰不可控、可靠性差
NB-IoT	授权	180 kHz	<250 kbit/s	<50 k	MCL=164 dB	10 s	广域物联网技术 低成本、电信级、安全可靠
LTE eMTC	授权	1.4 MHz	<1 Mbit/s	<50 k	MCL=155 dB	<100 ms	广域物联网技术 相对低成本、电信级、安全可靠

第4章 物联网网络层关键技术

注：MCL（maximum coupling loss，最大耦合损耗）表示覆盖性能，表示用户设备（UE）和网络节点eNode（eNB）天线口之间的最大信道损耗，它是数据还能正常传输的临界值。

知识拓展：低功耗无线广域网技术微课视频（低功耗广域网技术），请扫描二维码。

低功耗广域网技术

4.5 移动通信技术

移动通信是指通信双方至少有一方处于运动中的通信，包括海、陆、空移动通信。移动通信是有线通信的延伸，它由有线和无线两部分组成。无线部分提供用户终端的接入，有线部分完成网络功能，构成公众陆地移动通信网。移动通信发展速率基本为10年一代，经历了以下几个阶段：

- 1G：第一代移动通信技术——模拟制式的移动通信系统，只能进行语音通话。
- 2G：第二代移动通信技术——数字蜂窝通信系统，包括语音在内的全数字化系统。
- 2.5G：在2G基础上提供增强业务，如WAP。
- 3G：第三代移动通信技术——支持高速数据传输的蜂窝移动通信系统。提供的业务包括语音、传真、数据、多媒体娱乐和全球漫游等。
- 4G：第四代移动通信技术——高速移动通信系统，用户速率可达20 Mbit/s。4G支持多媒体交互业务、高质量影像、3D动画和宽带接入。
- 5G：数据流量和终端数量的爆发性增长，催促新的移动通信系统的形成。移动互联网和物联网的发展成为5G发展的两大驱动力。5G不是单纯通信系统，而是以用户为中心的全方位信息生态系统。其目标是为用户提供极佳的信息交互体验，实现万物互联（Internet of everything，IOE）的智能化时代。

1G~5G移动通信技术的特性见表4-3。

表4-3 1G-5G 移动通信技术的特性比较

移动通信技术	主要频段	传输速率	关键技术	技术标准	提供的服务
1G	800/900 MHz	约2.4 kbit/s	模拟制式语音调制、蜂窝网络、FDMA	AMPS、NMT	模拟语音业务
2G	900 MHz/1800 MHz GSM900：800~900 MHz	约6.4 kbit/s GSM900：上行 2.7 kbit/s、下行 9.6 kbit/s	CDMA/TDMA	GSM、CDMA	数字语音业务

续表

移动通信技术	主要频段	传输速率	关键技术	技术标准	提供的服务
2.5G	900 MHz 1800 MHz	115 kbit/s（GPRS） 384 kbit/s（EDGE）	GPRS/GSM增强数据速率技术	GPRS、HSCSD、EDGE	高速数据传输和多媒体消息服务
3G	WCDMA： 上行 1940～1955 MHz 下行 2130～2145 MHz	125 kbit/s～2.8 Mbit/s	卷积编码及交织技术、Rake接受基础、Turbo编码及RS卷积联码等	TD-CDMA（移动） CDMA2000（电信） WCDMA（联通）	同时传输语音和数据信息
4G	TD-LTE： 上行 555～2575 MHz 下行 2300～2320 MHz	2 Mbit/s～1 Gbit/s	OFDM、SC-FDMA、MIMO	LTE、LTE-A、WiMax等	快速传输数据、图像、音频、视频
5G	3 300 MHz～3 600 MHz 4 800 MHz～5 000 MHz（中国）	10 Gbit/s（理论值）	毫米波、大规模MIMO、NOMA、OFDMA、SC-FDMA、FBMC	增强移动带宽eMBB、超可靠低延迟通信URLLC、大规模机器类型通信mMTC	快速传输高清视频、物联网应用等

4.5.1 GSM移动通信技术

GSM是全球移动通信系统（global system for mobile communication）的简称。GSM是第一个商业运营的第2代（2G）蜂窝移动通信系统。

GSM通信系统由移动台（MS）、移动网子系统（NSS）、基站子系统（BSS）和操作支持子系统（OSS）四部分组成。网络结构如图4-21所示。

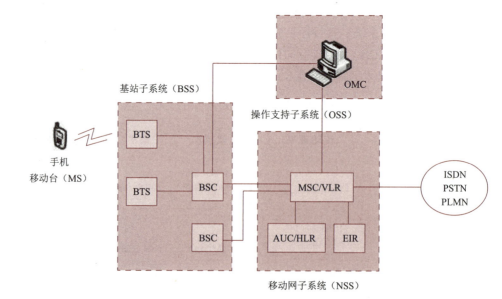

图 4-21 GSM 通信系统网络结构

（1）移动台（MS）：是公用GSM移动通信网中用户使用的设备，也是用户能够直接接触的整个GSM系统中的唯一设备。移动台的类型不仅包括手持台，还包括车载台和便携式台。随着GSM标准的数字式手持台进一步小型、轻巧和增加功能的发展趋势，手持台的用户将占整个用户的极大部分。

（2）基站子系统（BSS）：是GSM系统中与无线蜂窝方面关系最直接的基本组成部分。它通过无线接口直接与移动台相接，负责无线发送接收和无线资源管理。另一方面，基站子系统与网络子系统（NSS）中的移动业务交换中心（MSC）相连，实现移动用户之间或移动用户与固定网路用户之间的通信连接，传送系统信号和用户信息等。当然，要对BSS部分进行操作维护管理，还要建立BSS与操作支持子系统（OSS）之间的通信连接。

（3）移动网子系统（NSS）：主要包含有GSM系统的交换功能和用于用户数据与移动性管理、安全性管理所需的数据库功能，它对GSM移动用户之间通信和GSM移动用户与其他通信网用户之间通信起着管理作用。NSS由一系列功能实体构成，整个GSM系统内部，即NSS的各功能实体之间和NSS与BSS之间都通过符合CCITT信令系统No.7协议和GSM规范的7号信令网路互相通信。

（4）操作支持子系统（OSS）：需完成许多任务，包括移动用户管理、移动设备管理以及网路操作和维护。

知识拓展：更多GSM全球移动通信系统知识，请扫描二维码。

GSM全球移动通信系统

4.5.2　GPRS移动通信技术

GPRS是通用分组无线业务系统（general packet radio system）的缩写，是欧洲电信协会GSM系统中有关分组数据所规定的标准。GPRS是在现有的GSM网络上开通的一种新的分组数据传输技术，它和GSM一样采用TDMA方式传输语音，但是采用分组的方式传输数据。GPRS提供端到端的、广域的无线IP连接及高达115.2 kbit/s的空中接口传输速率。

GPRS采用了分组交换技术，可实现若干移动用户同时共享一个无线信道或一个移动用户可使用多个无线信道。当用户进行数据传输时占用信道，无数据传输时则把信道资源让出来，这样不仅极大地提高了无线频带资源的利用率，同时也提供了灵活的差错控制和流量控制，正因如此，GPRS是按传输的数据量来收费的，即按流量收费，而不是按时间来计费。

GPRS采用信道捆绑和增强数据速率改进来实现高速接入，它可以实现在一个载频或8个信道中实现捆绑，每个信道的传输速率为14.4 kbit/s，在这种情况下，8个信道同时进行数据传输时，GPRS方式最高速率可达115.2 kbit/s。如果GPRS通过数据速率改进，将每个信道的速率提高到48 kbit/s，那么其速率高达384 kbit/s，对于这样的高速率，可以完成更多的业务，比如网页浏览、收/发电子邮件等。

GPRS还具有数据传输与语音传输可同时进行并自如切换等特点。总之，相对于原来GSM以拨号接入的电路数据传送方式，GPRS是分组交换技术，具有实时在线、高速传输、

GPRS分组无线业务

流量计费和自如切换等优点，它能全面提升移动数据通信服务。因而，GPRS技术广泛应用于多媒体、交通工具的定位、电子商务、智能数据和语音、基于网络的多用户游戏等方面。

知识拓展：更多GPRS分组无线业务知识，请扫描二维码。

4.5.3 CDMA移动通信技术

CDMA是码分多址（code division multiple access）的简称，是在数字技术的分支——扩频通信技术上发展起来的一种无线通信技术。CDMA的核心技术是扩频技术，即在发送端用一个带宽远大于信号带宽的高速伪随机码进行调制，扩展原数据信号的带宽，再经载波调制后发送出去。到了接收端，使用完全相同的伪随机码，把宽带信号换成原信息数据的窄带信号即解扩，以实现信息通信。

CDMA技术的优点是语音质量佳、保密性强、接通率高，同时系统具有容量大、配置灵活、频率规划简单、建网成本低等优势。

知识拓展：更多CDMA码分多址知识，请扫描二维码。

CDMA码分多址

4.5.4 3G移动通信技术

3G（third generation）意为"第三代移动通信"，是国际电联ITU于2000年确定的将无线通信与国际互联网等多媒体通信结合的第三代移动通信技术，正式命名为IMT-2000。它是支持高速数据传输的蜂窝移动通信技术。3G服务能够同时传送声音及数据信息，可提供移动宽带多媒体业务，其传输速率在高速移动环境中支持144 kbit/s，步行慢速移动环境中支持384 kbit/s，静止状态下支持2 Mbit/s。

第三代移动通信系统的技术基础是码分多址（CDMA）。第一代移动通信系统采用频分多址（FDMA）的模拟调制方式。采用FDMA的系统具有频谱利用率低、信令干扰语音业务的缺点。第二代移动通信系统主要采用时分多址（TDMA）的数字调制方式，与第一代相比，虽然提高了系统容量，并采用独立信道传送信令，使系统性能大大改善，但是它的系统容量仍然很有限，而且越区切换性能还不完善。CDMA系统以其频率规划简单、系统容量大、频率复用率高、抗多径衰落能力强、通话质量好、软容量、软切换等特点显示出巨大的发展潜力，因而第三代移动通信系统把CDMA作为其技术基础。

CDMA2000、WCDMA、TD-SCDMA

国际上目前具有代表性的3G移动通信标准有三种，分别是美国CDMA2000、欧洲WCDMA和中国TD-SCDMA。国内支持国际电联确定的三个无线接口标准，分别是中国电信的CDMA2000、中国联通的WCDMA、中国移动的TD-SCDMA，业界将CDMA技术作为3G的主流技术。

知识拓展：更多CDMA2000、WCDMA、TD-SCDMA知识，请扫描二维码。

4.5.5 4G移动通信技术

如果说3G为人们提供一个高速传输的无线通信环境，那么4G通信是一种超高速无线网络。4G是集3G与WLAN于一体，并能够快速传输音频、视频和图像等的第四代移动通信技术。4G最大的数据传输速率超过100 Mbit/s，这个速率是移动电话数据传输速率的1万倍，也是3G移动电话速率的50倍。4G可以在DSL和有线电视调制解调器没有覆盖的地方部署，然后再扩展到整个地区。

4G技术包括TD-LTE和FDD-LTE两种制式。但严格意义上来讲，LTE只是3.9G，尽管被宣传为4G无线标准，但它其实并未被3GPP（第三代合作伙伴计划）认可为国际电信联盟所描述的下一代无线通信标准IMT-Advanced，因此在严格意义上还未达到4G的标准。只有升级版的LTE Advanced才满足国际电信联盟对4G的要求。

2013年，"谷歌光纤概念"在美国国内成功推行的同时，谷歌光纤开始向非洲、东南亚等地推广，给全球4G网络建设再次添柴加火。2013年12月4日，我国正式向三大运营商发布4G牌照，中国移动、中国电信和中国联通均获得TD-LTE牌照，不过，FDD-LTE牌照暂未发放。

2013年12月18日，中国移动在广州宣布，将建成全球最大4G网络。2014年1月，京津城际高铁作为全国首条实现移动4G网络全覆盖的铁路，实现了300千米时速高铁场景下的数据业务高速下载，一部2 GB大小的电影只需要几分钟即可下载完成。原有的3G信号也得到增强。

2014年1月20日，中国联通已在珠江三角洲及深圳等十余个城市和地区，实现全网升级，升级后的3G网络均可以达到42 Mbit/s的标准。

2014年7月21日，中国移动在召开的新闻发布会上又提出包括持续加强4G网络建设、实施清晰透明的订购收费、大力治理垃圾信息等六项服务承诺。中国移动表示，将继续降低4G资费门槛。

2018年7月，工信部公布《2018年上半年通信业经济运行情况》报告显示，4G用户总数达到11.1亿户，占移动电话用户的73.5%。

知识拓展：更多TD-LTE、FDD-LTE知识，请扫描二维码。

TD-LTE、FDD-LTE

4.5.6 5G移动通信技术

5G移动通信技术即第五代移动电话行动通信标准，简称5G，其相关技术标准主要由国际电信联盟（ITU）和3GPP制定。5G标准主要分为两个阶段：

（1）5G NSA（non-standalone）标准：在4G网络的基础上增加5G技术的支持，包括5G新空口和4G现有的控制面和用户面。5G NSA标准于2018年12月完成。

（2）5G SA（standalone）标准：完全基于5G技术独立运行，包括新的核心网和空口。5G SA标准于2020年3月完成。

2016年在我国浙江乌镇举办的第三届世界互联网大会上,美国高通公司展示了"万物互联"的5G技术原型,该技术展现了5G技术在往千兆移动网络和人工智能的方向迈进。诺基亚(NOKIA)与加拿大运营商Bell Canada共同合作完成了加拿大首次5G网络技术的测试。

华为技术有限公司(简称华为)在2009年就已经开展5G技术的研究,2013年11月6日华为宣布2018年投资6亿美元进行5G技术的研发和创新。

2013年2月,欧盟拨款5 000万欧元来加快5G技术的发展,同年,三星电子也宣布成功开发了5G的核心技术,该技术在28 GHz的超高频段下可以达到1 Gbit/s以上的传输速率,且传输距离可以达到2 km。

2019年6月6日,我国工信部正式向中国电信、中国移动、中国联通、中国广电发放5G商用牌照。我国三大运营商已经基本确定了全国5G网络的首批试点城市,北京、杭州、上海、广州、苏州、武汉等18个试点城市已经开始5G网络的测试工作。截至2022年8月10日,中国5G网络基站数量达185.4万个,终端用户超过4.5亿户,均占全球60%以上,全国运营商5G投资超过4 000亿元。2022年,华为、北京联通携手发布了全球最大规模5G 200 MHz大带宽城市网络,基站规模超过3 000个,实际路测结果显示,5G用户下行峰值速率达到1.8 Gbit/s,下行平均速率达到885.7 Mbit/s,上行平均速率达到260.4 Mbit/s,5G网络CA(载波聚合)生效比达到85%。截至2022年9月末,5G移动电话用户达5.1亿户,5G基站总数达222万个。

2022年10月31日是中国5G正式商用三周年。中国电信与中国联通已建成了业界规模最大、速率最快的全球首张5G独立组网共建共享网络。因此,5G的正式商用将给物联网带来更大的发展,特别像车联网等需要高速率、低延迟的物联网应用,将会是一个极大的推进作用。

知识拓展:更多5G通信技术知识和移动通信微课视频(移动通信技术),请扫描二维码。

5G通信技术

移动通信技术

4.6 卫星通信技术

卫星通信技术(satellite communication technology)是一种利用人造地球卫星作为中继站来转发无线电波而进行的两个或多个地球站之间的通信。自20世纪90年代以来,卫星移动通信的迅猛发展推动了天线技术的进步。卫星通信具有覆盖范围广、通信容量大、传输质量好、组网方便迅速、便于实现全球无缝链接等众多优点,被认为是建立全球个人通信必不可少的一种重要手段。

4.6.1 卫星通信技术的发展

卫星通信技术的起源可以追溯到20世纪50年代初期。当时,美苏两国正在进行太空竞赛，美国政府开始探索利用卫星进行通信的可能性。1958年，美国国家航空航天局（NASA）成功发射了世界上第一颗通信卫星"信使一号"（Messenger-1），并实现了与地面的通信。这标志着卫星通信技术的诞生和应用。随着卫星通信技术的不断发展，卫星通信技术的发展可以分为以下几个阶段：

（1）第一代卫星通信技术：20世纪60年代末期至70年代初期，第一代卫星通信系统出现。这些系统主要是为了提供国际间的长途电话和电视广播服务。

（2）第二代卫星通信技术：20世纪80年代至90年代初期，随着数字通信技术的发展，第二代卫星通信系统应运而生。这些系统可以提供更高质量的音频和视频传输服务，并逐渐扩展到了移动通信领域。

（3）第三代卫星通信技术：21世纪初期，第三代卫星通信系统开始出现。这些系统采用更先进的数字技术和频谱管理方法，可以提供更高速率和更丰富的服务。

（4）第四代卫星通信技术：目前，第四代卫星通信技术正在不断发展。这些系统将采用更高效的多波束技术、更灵活的频谱管理方法和更高速率的传输协议，以应对日益增长的通信需求。

在卫星通信技术的发展过程中，还出现了一些重要的技术和标准，如全球卫星定位系统（GPS）、一体化数字电视广播（DVB）、广域卫星移动通信（BGAN）等。这些技术和标准不仅推动了卫星通信技术的发展，也带动了其他相关领域的创新和发展。

4.6.2 卫星通信技术的特点

在实际应用中，与其他通信手段相比，卫星通信技术具有以下特点：

1. 优点

（1）覆盖范围广：卫星通信技术可以覆盖全球范围，解决了地面通信无法覆盖的区域问题。

（2）传输容量大：卫星通信技术的传输容量相对较大，可以同时传输大量数据。

（3）可靠性高：卫星通信系统可以抵御自然灾害等外部干扰，具有较高的可靠性。

（4）通信质量高：卫星通信技术在传输质量上表现稳定，不会受到地形和建筑物等因素的影响。

2. 缺点

（1）成本较高：卫星通信系统的建设和维护成本较高，需要投入大量的资金和人力。

（2）信号传输延迟：卫星通信技术的信号传输延迟较高，不适用于实时性要求较高的应用场景。

（3）容易受天气影响：卫星通信技术的信号容易受到天气等自然因素的影响，导致通信质量下降。

（4）难以保证信息安全：卫星通信技术的信号可以被拦截和窃取，难以保证信息的安全性。

4.6.3 卫星通信系统的构成

卫星通信系统的构成主要由空间分系统、通信地球站、跟踪遥测指令分系统以及监控管理分系统四个部分，如图4-22所示。

（1）空间分系统（通信卫星）：主要包括通信系统、遥测指令装置、控制系统和电源装置（太阳能电池）等几个部分。

（2）通信地球站：主要是微波无线电收、发站，如卫星电话等，用户通过它接入卫星线路并进行通信。

（3）跟踪遥测指令分系统：负责对卫星进行跟踪测量，控制其准确进入静止轨道上指定位置。在卫星正常运行后，还需定期对卫星进行轨道位置修正和姿态保持。

（4）监控管理分系统：负责对定点的卫星在业务开通前、后进行通信性能的检测和控制。

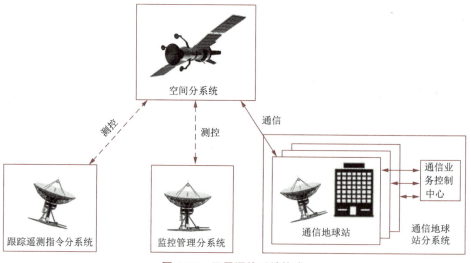

图4-22 卫星通信系统构成

4.6.4 卫星通信技术的应用

卫星通信技术作为现代通信技术的重要组成部分，已经广泛应用于多个领域，主要包括以下几个方面：

（1）通信和广播：卫星通信系统可以提供全球覆盖的通信和广播服务，包括长途电话、互联网接入、电视广播和卫星广播等。

（2）导航和定位：全球卫星定位系统（GPS）等卫星导航系统可以提供准确的位置信息和导航服务，广泛应用于交通、物流、军事等领域。

（3）气象预报：卫星可以获取全球范围内的气象数据，帮助气象预报员更加准确地预测天气变化。

（4）远程监测：卫星可以对全球各地的环境、农业、林业、渔业等进行实时监测和数据采集，帮助相关机构及时了解情况和做出决策。

（5）军事和安全：卫星通信系统和卫星导航系统广泛应用于军事和安全领域，提供实时通信、监视和导航服务。

（6）空间探索：卫星通信技术也被广泛应用于太空探索和科学研究，为人类探索宇宙提供了重要支持。

除了以上几个领域，卫星通信技术还有许多其他的应用，如海洋、航空、能源等领域。可以说，卫星通信技术已经成为现代社会和经济发展的重要基础设施之一。

4.7 物联网网络层关键技术认知实践

1. 实践目的

本次实践的主要目的是：

（1）了解不同的物联网通信技术各自有什么特点。
（2）了解移动通信技术的特点及其在物联网中的作用。
（3）了解短距离无线通信技术的特点及其在物联网中的作用。
（4）了解LPWAN低功耗无线广域网技术的特点及其在物联网中的作用。
（5）了解串口通信技术的特点及其在物联网中的作用。

2. 实践的参考地点及形式

本次实践可以在具备物联网实训平台、物联网通信实验箱、物联网虚拟仿真平台等感知设备的实训室中实施，还可以通过互联网搜索引擎查询的方式进行。

3. 实践内容

实践内容包括以下几个要求：

（1）通过手机蓝牙功能进行点对点蓝牙组网通信，并尝试进行文件的收发。
（2）打开手机的NFC功能，并利用搜索引擎查看当前NFC在哪些领域有相关应用，尝试说出其工作过程。
（3）使用无线路由器和AP进行无线局域网的组建，配置无线访问密码并进行终端接入。
（4）通过串口仿真软件和串口调试软件学习串口参数的设置、打开和关闭操作，并发送和接收串口信息。
（5）对比LoRa和NB-IoT两种技术的区别，并分别列举应用案例（包括技术应用背景、网络架构等）。

4. 实践总结

根据上述实践内容要求，完成物联网感知技术的实践总结，总结中需要体现实践内容中的五个要求。

习题

一、选择题

1. 下列（　　）技术是有线接入网技术。
   A. 串口　　　　　　B. Wi-Fi　　　　　　C. ZigBee　　　　　　D. 蓝牙

2. 下列（　　）技术是无线接入网技术。
   A. USB　　　　　　B. M-bus　　　　　　C. NFC　　　　　　D. PLC

3. 2021年1月，发布了最新的蓝牙技术标准，它是蓝牙（　　）。
   A. 4.0　　　　　　B. 4.2　　　　　　C. 5.0　　　　　　D. 5.3

4. ZigBee协议栈是在（　　）标准基础上建立的。
   A. IEEE 802.15.4　　　　　　B. IEEE 802.15.3
   C. IEEE 802.3　　　　　　D. IEEE 802.11

5. ZigBee网络设备（　　）能够发送网络信标.建立一个网络.管理网络节点.存储网络节点信息.寻找一对节点间的路由消息.不断地接收信息。
   A. 协调器　　　　　　B. 全功能设备（FFD）
   C. 精简功能设备（RFD）　　　　　　D. 路由器

6. 下列（　　）技术不属于低功耗无线广域网技术。
   A. LoRA　　　　　　B. FDD-LTE　　　　　　C. NB-IoT　　　　　　D. LTE eMTC

二、填空题

1. 接入网技术是物联网的关键技术，包括_____和_____两种方式。

2. ZigBee标准是基于_____无线标准研制开发的。

3. NFC的数据交换模式有_____数据交换模式和_____数据交换模式。

4. ZigBee网络中定义了两种无线设备，分别是_____设备和_____设备。

5. ZigBee网络中的节点可以分成三种类型，即_____、_____和_____。

6. ZigBee的频段有_____、_____和2.4 GHz，其中，2.4 GHz是全球通用频段，传输速率为_____。

7. 无线局域网的拓扑结构有两种，分别是_____和_____。

8. NB-IoT的技术特征是_____。

9. _____是全球移动通信系统的简称。GSM是第一个商业运营的第2代（2G）移动通信系统。

三、判断题

1. 基于蓝牙技术的设备在网络中所扮演的角色有主设备和从设备之分。　　（　　）

2. 开启了NFC功能的智能手机可以进行公交一卡通.信用卡等移动支付功能。（　　）

3. Z-WAVE 是由丹麦的 Zensys 公司所主导推出的一项低功耗无线广域网通信技术。
（ ）

4. 如果要利用 NB-IoT 技术来建立相关的行业应用，则需要搭建该应用的 NB 通信基站。
（ ）

5. IrDA 是一种视距传输技术。（ ）

四、简答题

1. 互联网的主要特点是什么？
2. 简述卫星通信技术的优缺点。
3. 简述 NB-IoT 的主要技术特征。
4. 基简述于蓝牙技术的设备在网络中所扮演的角色及其功能。
5. 简述 LPWAN 技术的主要特点。

第 5 章 物联网应用层关键技术

学习笔记

应用层位于物联网三层架构中的最顶层,其功能为"处理",即对采集来的海量数据进行信息处理。应用层与最底层的感知层一起,是物联网的显著特征和核心所在。应用层可以对感知层采集的数据进行计算、处理和知识挖掘,从而实现对物理世界的实时控制、精确管理和科学决策。

应用层包括应用基础设施/中间件和各种物联网应用。应用基础设施/中间件为物联网应用提供信息处理、计算等通用基础服务设施、能力及资源调用接口,以此为基础实现物联网在众多领域的各种应用。物联网中间件是一种独立的系统软件或服务程序,中间件将各种可用的公用能力进行统一封装,提供给物联网应用使用。物联网应用就是用户直接使用的各种应用,如智能操控、安防、电力抄表、远程医疗、智能农业等。

物联网应用层的关键技术主要有云计算技术、大数据技术、人工智能技术、中间件技术等。了解这些关键技术的基本概念和基本原理,熟悉这些技术在物联网中的应用领域和方法,将有助于我们更好地开发物联网的各种应用,为物联网的应用创新开拓新的思路,也能为更好地将物联网技术应用于各个行业奠定理论基础。

学习目标

知识目标

(1)熟悉物联网应用层的结构、主要功能和关键技术;(2)了解云计算的起源、特点和价值;(3)熟悉云计算的定义、分类和在物联网中的应用;(4)了解大数据的来源和处理流程;(5)熟悉大数据的概念、特点和在物联网中的应用;(6)了解人工智能的研究目标、内容和应用领域;(7)熟悉人工智能、机器学习的概念和在物联网中的应用;(8)了解中间件的概念和特点;(9)熟悉物联网中间件的概念、特点和应用;(10)了解物联网应用系统和开发技术栈;(11)熟悉物联网应用系统的作用、分类和开发步骤。

能力目标

(1)能说出物联网应用层的主要功能和涉及的关键技术;(2)能解释云计算技术的基本概念以及在物联网中的主要作用和应用;(3)能解释大数据技术的基本概念以及在物联网中的主要作用和应用;(4)能解释人工智能技术的基本概念以及在物联网中的主要作用和应用;(5)能解释中间件技术的基本概念以及在物联网中的主要作用和应用;(6)能解释物联网应用系统的主要作用和开发步骤。

素质目标

(1)具备创新意识和创业精神;(2)具备可持续发展意识;(3)具备积极参与公共事务的意识。

5.1 云计算技术

5.1.1 云计算的起源

云计算这个概念是计算机硬件技术和网络技术发展到一定阶段的必然产物。早在20世纪60年代麦卡锡就提出了把计算能力作为一种像水和电一样的公共事业提供给用户的理念，这成为云计算思想的起源。

在传统计算模式下，企业建立一套IT系统不仅仅需要购买硬件等基础设施，还需要购买软件，需要专门的人员来管理维护。当企业的规模扩大时还要继续升级各种软硬件设施以满足需要。对于企业来说，计算机软硬件等本身并不是他们真正需要的，它们仅仅是完成工作、提高效率的工具而已。对于个人来说，如果想正常使用计算机就需要安装多种软件，而许多软件是收费的，对不经常使用该软件的用户来说购买是非常不划算的。可不可以有这样的服务，能够将需要的所有软件供我们租用？这样我们只需要在使用时支付少量"租金"即可"租用"这些软件服务，从而节省许多购买软硬件的资金。

我们每天都要用电，但不是每家都自备发电机，而是由电厂集中提供。这样的模式极大地节约了资源，方便了我们的生活。鉴于此，我们能不能像使用电一样使用计算机资源？

以上这些想法催生了云计算。云计算的模式就是电厂集中供电的模式，它的最终目标是将计算、服务和应用作为一种公共设施提供给公众，使人们能够像使用水、电一样使用计算机资源。

其实在云计算概念诞生之前，很多公司就已经可以通过互联网发送诸多服务，比如订票、地图、搜索，以及其他硬件租赁业务。随着服务内容和用户规模的不断增加，对于服务的可靠性、可用性的要求也急剧增加，这种需求变化通过集群等方式很难满足，于是通过在各地建设数据中心来达成。对于像谷歌和亚马逊这些公司来说，有能力建设分散于全球各地的数据中心来满足各自业务发展的需求，并且有富余的可用资源。于是谷歌、亚马逊等公司就可以将自己的基础设施能力作为服务提供给相关的用户，这就是云计算的由来。

5.1.2 云计算的定义与分类

云计算的概念自提出之日起就一直处于不断的发展变化之中，很多机构都对云计算进行了解读。

云计算是一种按使用量付费的模式，这种模式提供可用的、便捷的、按需的网络访问，进入可配置的计算机资源共享池（资源包括网络、服务器、存储、应用软件、服务等），这

主流开源云计算软件

些资源能够被快速提供，只需要投入很少的管理工作，或与服务供应商进行很少的交互。

2012年我国国务院政府工作报告将云计算作为国家战略性新兴产业，认为云计算是基于互联网的服务的增加、使用和交付模式，通常涉及通过互联网来提供动态、易扩展且经常是虚拟化的资源。云计算是传统计算机和网络技术发展融合的产物，它意味着计算能力也可以作为一种商品通过互联网进行流通。

可以这样认为，云计算是一种新兴的商业计算模型，它将计算任务分布在大量计算机构成的资源池上，使各种应用系统能够根据需要获取计算能力、存储空间和各种软件服务。之所以称为"云"，是因为它在某些方面具有现实中云的特征：云一般都较大；云的规模可以动态伸缩，它的边界是模糊的；云在空中飘忽不定，无法也无须确定它的具体位置，但它确实存在于某处。之所以称为"云"，还有一个很重要的原因是因为绘制计算机网络架构图时往往用一朵云来表示电信网，后来也用来表示互联网和底层基础设施的抽象。

云计算按照它的部署模式来分类，可以分为私有云计算、公有云计算和混合云计算。

（1）私有云计算：一般由一个企业或组织自建自用，同时由这个企业或组织来运营，主要服务于企业或组织内部，不向公众开放。使用者和运营者是一体。

（2）公有云计算：由云服务提供商运营，面向的用户可以是普通大众。

（3）混合云计算：将公有云和私有云结合在一起的一种模式。它强调基础设施是由两种云来组成，但对外呈现的是一个完整的实体。企业正常运营时，把关键服务和数据放在自己的私有云里面处理（比如财务数据），把非关键信息放到公有云里，两种云组合成一个整体。

云计算按照服务类型来分类，可以分为基础设施即服务（IaaS）、平台即服务（PaaS）和软件即服务（SaaS）三种类型。

（1）IaaS（infrastructure as a service）：基础设施即服务，指的是把基础设施（包括计算、存储、网络等资源）直接以服务形式提供给最终用户使用。用户能够部署和运行任意软件，包括操作系统和应用程序。例如虚拟机出租、网盘等。这类云服务的对象往往是具有专业知识能力的网络建筑师。

（2）PaaS（platform as a service）：平台即服务，指的是把计算、存储等资源封装后以某种接口或协议的服务形式提供给最终用户调用，用户不需要管理或控制底层的云计算基础设施，但能控制部署的应用程序，也可能控制运行应用程序的托管环境配置。PaaS主要面向软件开发者，提供基于互联网的软件开发测试平台。例如谷歌的App Engine。

（3）SaaS（software as a service）：软件即服务，提供给消费者的服务是运行在云计算基础设施上的应用程序。用户只是对软件功能进行使用，无须了解任何云计算系统的内部结构，也不需要用户具有专业的技术开发能力。例如企业办公系统。

云计算的分类如图5-1所示。

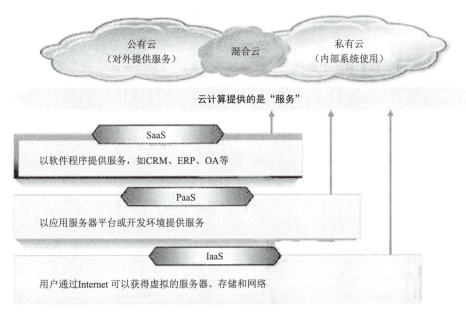

图 5-1　云计算的分类

5.1.3　云计算的特征

根据云计算的定义，可以总结出云计算的五大关键特征：

（1）按需自助服务。云计算系统带给客户最重要的好处就是敏捷地适应用户对资源不断变化的需求，实现按需向用户提供资源。用户可以按需部署处理能力，如服务器、存储和网络等，而不需要与每个服务供应商进行人工交互。

（2）无处不在的网络接入。云计算系统的应用服务通常都是通过网络提供给最终用户的。用户通过互联网就可以获取各种能力，并可以通过标准方式访问，通过各种终端接入使用（如智能手机、笔记本电脑、PDA等）。

（3）与位置无关的资源池。云计算服务提供商的计算资源被集中，以便以多用户租用模式服务所有客户。同时，不同的物理和虚拟资源可根据用户需求动态分配。用户一般无法控制或知道资源（包括存储、处理器、内存、网络带宽和虚拟机等）的确切位置。

（4）快速弹性。可以迅速、弹性地提供能力，能快速扩展，也可以快速释放实现快速缩小。对用户来说，可以租用的资源看起来似乎是无限的，并且可以在任何时间购买任意数量的资源。

（5）按使用付费。使用云计算服务的用户不用自己购买并维护大量固定的硬件资源，只需要根据自己实际消费的资源量来付费，从而大大节省用户的硬件资源开支。

5.1.4　云计算的价值

通过云计算可以将IT资源进行集中化和标准化，这样就为政府、企事业单位的IT运行环境带来了无法估量的价值，具体表现在：

（1）通过整合服务器、动态调整资源及虚拟化存储技术，提高资源的利用率。可以使政府、企事业单位的IT部门用小规模的硬件部署来完成同级别或更高级别的服务，从而大大提升企业的生产力和政府及事业单位的业务价值，同时提升服务器效力。

（2）基于云的业务系统采用虚拟机批量部署，可以在短时间内实现大规模资源部署，快速响应业务需求，省时高效。根据业务需求还可以弹性扩展、收缩资源以满足业务需要。

（3）传统IT平台，数据分散在各个业务服务器上，可能存在某单点有安全漏洞的情况；部署云系统后，所有数据集中在系统内存放和维护，信息安全更有保障。

（4）基于策略的智能化、自动化资源调度，实现资源的按需取用和负载均衡，削峰填谷，达到节能减排的效果。

（5）用云计算来构建IT运行环境后，政府、企事业单位的IT运行环境会更加集中简洁，再加上存储、网络及服务器的自动化操作，将大幅度减少IT运行时的人为差错。

（6）通过购买更少的硬件设备及软件许可，大大降低采购成本，通过自动化管理迅速降低系统管理员的工作负荷，这就意味着降低了政府、企事业单位在IT环境构建时的投入及运维成本。

（7）通过云桌面的应用，可以使用户在不同的桌位、办公室、旅途中、家里使用不同的终端随时随地实现远程接入，桌面立即呈现。所有的数据和桌面都集中运行和保存在云数据中心，用户可以不必中断应用运行，实现热插拔更换终端。

总之，云计算通过技术手段把计算和存储作为服务加以提供，提供了高附加值的服务；云计算打破了现有机房的空间局限，在更小的空间内提供了更多的服务能力；云计算通过规模效应降低了单位资源的投资及维护成本；同时，云计算带给用户更好的交互体验，降低了用户使用成本，提升了用户满意度及忠诚度。

5.1.5 云计算与物联网

云计算是利用互联网的分布性等特点来进行计算和存储，是一种网络应用模式；而物联网是通过射频识别等信息传感设备把所有物品与互联网连接起来实现智能化识别和管理，是对互联网的极大拓展。两者存在着较大的区别。但是，对于物联网来说，传感设备时时刻刻都在产生着大量的数据，这些海量数据必须要进行大量而快速的运算和处理。云计算的高效率运算模式正好可以为其提供良好的应用基础。没有云计算的发展，物联网也就不能顺利实现，而物联网的发展又推动了云计算技术的进步，两者又缺一不可。

云计算的技术优势主要体现在以下几个方面：

（1）数据信息的存储方面。云计算通过使用分布式的方式，利用冗余对数据和信息进行存储。其能对同一份数据信息进行多个副本的存储，以此来保证存储信息的安全性和可靠性。云计算具有先进的存储技术，同时还具有较高的数据传输速度等优势。

（2）数据信息的管理方面。云计算系统对数据库的数据信息进行管理时，通过高效的处理技术可以为用户提供便捷的服务。此外，云计算往往集成了大量大数据和AI的应用，不仅能在海量的数据库中搜寻到指定的数据信息，还能通过将人工智能的分析能力应用于物联网数据收集，企业可以识别和理解收集来的所有数据，并做出更明智的决策。

（3）强大的网络接入能力。云计算服务商往往具有极大的入口带宽和大量的边缘接入节点，分布在各个地方的传感器数据都可以很方便快捷地上传至云服务商的边缘节点，再由边缘节点通过高速网络传入计算中心。极大地降低数据传输的延时，从而增加数据处理的及时性。

物联网与云计算都是根据互联网的发展而衍生出来的新时代产物，互联网是二者的连接纽带。物联网是把实物上的信息数据化，目标是将实物进行智能化的管理，为了实现对海量数据的管理和分析，就需要一个大规模的计算平台作为支撑。作为一种特定的计算模式，云计算刚好能够实现对海量的数据信息进行实时地动态管理和分析。云计算地利用其规模较大的计算集群和较高的传输能力，能有效地促进物联网基层传感数据的传输和计算。云计算的标准化技术接口能使物联网的应用更容易被建设和推广。云计算技术的高可靠性和高扩展性为物联网提供了更为可靠的服务。

云计算与物联网各自具备很多优势，如果把云计算与物联网结合起来，我们可以看出，云计算其实就相当于一个人的大脑，而物联网就是其眼睛、鼻子、耳朵和四肢等，如图5-2所示。云计算与物联网的结合是互联网络发展的必然趋势。云计算的分布式大规模服务器很好地解决了物联网服务器节点不可靠的问题。随着物联网的逐渐发展，感知层和感知数

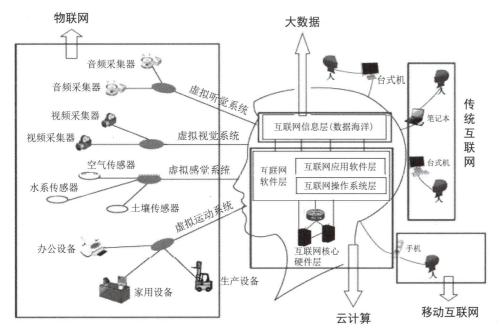

图 5-2　云计算与物联网的类比

据都在不断地增长，在访问量不断增加的情况下，会造成物联网的服务器间歇性的崩塌。增加更多服务器使得资金成本较大，而且在数据信息较少的情况下，会使得服务器出现浪费的状态。基于这种情况，云计算弹性计算的技术很好地解决了该问题。另一方面，云计算集成的AI和大数据处理能力，很好地充当了"大脑"的角色，能够从收集到的实物信息中分析出潜在规律并给终端设备发送指令，使物联网所连接的设备具备了真正意义上的"智能"。在实际的应用领域，云计算经常和物联网一起组成一个互联互通、提供海量数据和完整服务的大平台。

当前，很多云计算服务提供商和物联网厂商都将云计算与物联网平台进行了有机的技术融合，推出了各自的物联网云平台产品，如谷歌云物联网平台、阿里云物联网平台、华为云物联网平台、涂鸦物联网云平台、NLECloud新大陆物联网云平台、OneNET中国移动物联网云平台等。这些物联网云平台都提供了海量设备连接上云、设备和云端双向消息通信、批量设备管理、远程控制和监控等能力，可以帮助物联网行业用户快速完成设备联网及行业应用集成。

5.1.6 华为云物联网平台介绍

物联网业务通常需要一个终端接入解耦、平台与应用分离、安全可靠的平台作为支撑。华为基于在通信行业的技术积累和商业实践，打造了敏捷高效的华为云物联网平台 IoTDA（IoT device access），提供海量设备连接上云、设备和云端双向消息通信、批量设备管理、远程控制和监控、OTA升级、设备联动规则等能力，并可将设备数据灵活流转到华为云其他服务，帮助物联网行业用户快速完成设备联网及行业应用集成。华为云设备接入 IoTDA 如图 5-3 所示。

图 5-3　华为云物联网平台 IoTDA

华为云物联网平台 IoTDA 以设备接入云服务的方式，使物联网行业用户快速具备对海量连接的管理能力，提供的核心服务主要是设备接入与设备管理。设备接入提供设备的接入能力，包括支持多网络的接入、多协议的接入和多系列化Agent的接入，解决设备接入多样化和碎片化的难题，并可以提供基础的设备管理功能，实现设备的快速接入。设备管理是在设备接入的基础上，提供更为丰富、完善的设备管理能力，降低海量设备管理的复杂性，节省人工成本，提升管理效率。此外，华为云物联网平台还提供了50多个北向API和SDK，帮助生态伙伴加速应用开发上线，并支持与华为云的其他服务进行对接和联动，用户可以直接基于华为云构筑一站式的解决方案。华为云物联网平台能屏蔽接入协议的差异性，解耦应用与设备，为上层应用提供统一格式的数据，简化终端厂商的开发内容，使应用提供商聚焦自身的业务开发。

华为云物联网平台作为物联网战略的核心层，面向行业客户和设备厂商，提供万物互联，向下接入各种传感器、终端和网关，向上通过开放的API帮助客户快速集成多种行业应用。目前，华为云物联网平台已经在车联网、智慧城市、窄带物联网和电力等场景中有着广泛的应用。

知识拓展：从谷歌首次提出"云计算"（cloud computing）的概念到现在，云计算已经走过了炒作期和实践期，正处于成熟期。同时，行业集中度也越来越高并呈逐渐加强的趋势，目前业内大公司已经占据了整个市场的半壁江山。国内云计算领域的龙头则是阿里云，它创立于2009年，由阿里云自主研发，具有服务全球的超大规模通用计算操作系统，目前为全球200多个国家和地区的创新创业企业、政府、机构等提供服务。根据行业研究机构IDC发布的2022年全球云计算IaaS市场追踪数据，全球前三名云厂商依次为亚马逊、微软、阿里云，其中阿里云以6.2%份额位居全球第三，华为云、中国电信、腾讯云、中国移动和百度云位列六至十名。另一家行业研究机构Gartner发布的2022年全球云计算IaaS市场份额数据显示亚马逊、微软、阿里云名列前三，华为云、腾讯云分列第五、第六名。

更多云计算技术相关知识，请扫描二维码。

视频

云计算技术

5.2 大数据技术

5.2.1 大数据的概念

数据一直伴随着人类的成长，人类所创造的数据也随着技术的发展在不断地增加，特别是进入到电子时代以来，人类生产数据的能力得到前所未有的提升。数据的增加使人们不得不面对这些海量的数据，大数据这一概念就是在这样的历史条件下被提出的。

关于大数据很难有一个非常定量的定义。麦肯锡全球研究所给出的定义是：大数据指的是那些大小超过标准数据库工具软件能够收集、存储、管理和分析的数据集。研究机构Gartner给出了这样的定义："大数据"是需要新处理模式才能具有更强的决策力、洞察发现力和流程优化能力的海量、高增长率和多样化的信息资产。

文档

大数据相关技术方法

总体上来说，大数据就是指无法在可容忍的时间内用传统IT技术和软硬件工具对其进行感知、获取、管理、处理和服务的数据集合。这里传统的IT技术和软硬件工具是指单机计算模式和传统的数据分析算法。因此实现大数据的分析通常需要从两个方面来着手：一个是采用集群的方法来获取强大的数据分析能力；一个是研究面向大数据的新的数据分析算法。而大数据技术就是为了传送、存储、分析和应用大数据而需要采用的软件和硬件技术。

5.2.2 大数据的特性

大数据有四个显著的特性，分别为Volume（大体量）、Variety（多样化）、Velocity（高时效）、Value（大价值），一般我们称之为4V。

（1）大体量指的是数据规模庞大，动辄达到TB、PB级规模。

（2）多样化指的是数据的来源广泛，种类繁多，形式多样。

（3）高时效指的是大数据的产生非常迅速，并且这些数据通常是需要及时处理的，处理速度越快就越有优势。

（4）大价值指的是相比于传统的数据，大数据最大的价值在于通过从大量不相关的各种类型的数据中挖掘出对未来趋势与模式预测分析有价值的数据。

5.2.3 大数据的来源

近年来，互联网、云计算、移动互联网、物联网及社交网络等新型信息技术的发展，使得数据产生的来源非常丰富，主要来自于以下几个方面：

（1）企业内部及企业外延。企业原有的内部系统如企业资源计划（ERP）、办公自动化（OA）等应用系统所产生的存储在数据库中数据，这部分数据属于结构化数据，可直接进行处理使用，为公司决策提供依据。

（2）互联网及移动互联网。移动互联网促进更多用户从传统的数据使用者转变为数据生产者，比如微博、微信等产生的大量社交数据。

（3）物联网。物联网等技术的发展，使得视频、音频、RFID、M2M、物联网和传感器等产生大量的机器数据，其数据规模更加巨大。

5.2.4 大数据的处理流程

大数据的处理流程可以定义为在合适工具的辅助下，对广泛异构的数据源进行抽取和集成，按照一定的标准统一存储，利用合适的数据分析技术对存储的数据进行分析，从中提取有益的知识并利用恰当的方式将结果展示给终端用户，如图5-4所示。

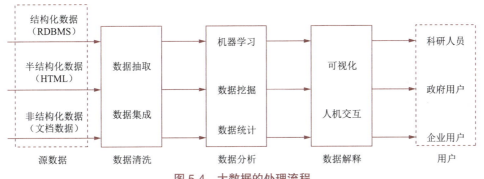

图 5-4 大数据的处理流程

其基本流程分为以下三步：

1. 数据清洗

由于大数据处理的数据来源类型丰富，大数据处理的第一步是对数据进行抽取和集成，从中提取出关系和实体，经过关联和聚合等操作，按照统一定义的格式对数据进行存储。

2. 数据分析

数据分析是大数据处理流程的核心步骤，通过数据抽取和集成环节，我们已经从异构的数据源中获得了用于大数据处理的原始数据，用户可以根据自己的需求对这些数据进行分析处理，比如数据挖掘、机器学习、数据统计等，数据分析可以用于决策支持、商业智能、推荐系统、预测系统等。

3. 数据解释

大数据处理流程中用户最关心的是数据处理的结果，正确的数据处理结果只有通过合适的展示方式才能被终端用户正确理解，因此数据处理结果的展示非常重要，可视化和人机交互是数据解释的主要技术。

从数据分析处理全流程的角度，大数据技术主要包括数据采集与预处理、数据存储和管理、数据处理与分析、数据安全和隐私保护等几个层面的内容。

5.2.5 大数据的典型应用

1. 大数据在高能物理中的应用

高能物理是一个天然需要面对大数据的学科，高能物理科学家往往需要从大量的数据中去发现一些小概率的粒子事件。目前世界上最大的高能物理实验装置是在日内瓦欧洲核子中心（CERN）的大型强子对撞机（LHC），其主要物理目标是寻找希格斯（Higgs）粒子。

2. 推荐系统

推荐系统是利用电子商务网站向客户提供商品信息和建议，帮助用户决定应该购买什么东西，模拟销售人员帮助客户完成购买过程。我们经常在上网时看见网页某个位置出现一些商品推荐或者系统弹出一个商品信息，而且往往这些商品可能正是我们感兴趣或者正希望购买的商品，这就是推荐系统在发挥作用。

3. 搜索引擎系统

搜索引擎是大家最为熟悉的大数据系统，谷歌和百度在简洁的用户界面下面隐藏着世界上最大规模的大数据系统。搜索引擎是简单与复杂的完美结合，目前最为常用的开源系统Hadoop就是按照谷歌的系统架构设计的。

4. 百度迁徙

百度迁徙是2014年百度利用其位置服务（location based service，LBS）所获得的数据，将人们在春节期间位置移动情况用可视化的方法显示在屏幕上。这些位置信息来自于百度地图的LBS开放平台，通过安装在大量移动终端上的应用程序获取用户位置信息，再通过大数据处理系统的处理和数据的可视化就可以反映春运期间全国总体的迁移情况。

5. 智能安防系统

智能安防行业是典型的大数据与物联网相结合的应用场景，物联网技术的普及应用使安防从过去简单的安全防护系统向城市综合化体系演变，涵盖了众多领域，特别是针对重要场所，如机场、银行、地铁、车站、水电气厂、道路、桥梁等，引入物联网技术后可以通过无线移动、跟踪定位等手段建立全方位的立体防护。智能安防行业需求已从大面积监控布点转变为注重视频智能预警、分析和决策，迫切需要利用大数据技术从海量的视频数据中进行规律预测、情景分析、串并侦查、时空分析等。在智能安防领域，数据的产生、存储和处理是智能安防解决方案的基础，只有采集足够有价值的安防信息，通过大量的数据分析以及综合判断模型，才能制订安防决策。同时，大数据处理能够更好地指出智能安防解决方案存在的问题，从而有针对性地提升智能安防产品的服务质量。

6. 医疗健康大数据

大数据和物联网的结合在医疗健康领域的应用也是潜力巨大的。物联网的各种传感器能够直接从患者身体上收集大量重要的健康数据，如体温、血压、心跳等，而大数据分析能够帮助医生了解病人的健康情况，并使这些数据为诊断、预防和治疗患者的疾病提供宝贵的意见。对于渴望确保其员工健康的大型组织来说，医疗健康大数据技术提供了无数的机会来监测关键的健康指标，并主动对不安全的噪声水平、空气污染或员工疲劳工作等情况发出警报。

5.2.6 大数据技术在物联网中的应用

大数据与物联网是两种截然不同的技术。大数据侧重于对海量数据的存储、处理与分析，从海量数据中发现价值，服务于生产和生活；而物联网的发展目标是实现物物相连，应用创新是物联网发展的核心。但是，物联网是大数据最为重要的来源，大数据技术则为物联网的数据分析提供了强大的技术支撑。

在当前的大数据应用中，物联网产业所应用到的大数据处理内容主要有数据采集、传递、分析处理与应用，不同的处理内容在物联网产业中具有不同的应用价值，且数据的分析处理与应用是其中最重要的部分。

（1）大数据技术在物联网数据采集中的应用。对于大数据技术而言，数据采集虽然是最为基础的一项工作，但是在物联网产业中其应用价值非常高。这主要是因为数据信息往往对智能决策的执行效果起着决定性作用。因此，物联网首先必须要做好大数据的采集工作。物联网大数据与一般的大数据相比，具有增长速度较快、多样性、异构性以及非结构性、有噪声等一系列特点。因此，在物联网数据的采集过程中，往往要做好数据信息的去噪处理。与此同时，因为物联网数据本身具备十分明显的颗粒性，合理地去噪与提取有用信息同样也是实现智能化处理的关键所在。

（2）大数据技术在物联网数据存储中的应用。在当前互联网技术飞速发展、信息化技术极速膨胀的情况下，海量数据信息的存储与提取过程是信息处理的关键。随着物联网产业的发展，其产生和接收的数据信息也在与日俱增，要对这些海量的数据信息展开及时且高效的处理工作，数据存储可谓是唯一能够实现这一目标的可行性解决方案。在传统的数据存储与分析中，一些基本的数据库便能够满足需要。对于物联网的海量数据，必须采用更好的处理方案。以谷歌为代表的众多IT企业经过多年的研究，提出了MapReduce分布式存储技术解决方案，充分利用大规模廉价服务器实现并行处理非关系数据，特别适合存储和处理物联网中的各种异构数据，对物联网产业发展起到了巨大的推动性作用，并得到了十分广泛的应用，已经成为当今最受青睐的一种物联网数据存储技术。

（3）大数据技术在物联网数据分析中的应用。数据分析是指利用分布式数据库或者分布式计算集群这两种方式将存储的海量数据信息进行分析、分类以及汇总等，以满足绝大多数使用者对数据分析的基本要求。一般来讲，物联网产业中的数据分析功能主要包含了对后台海量数据的挖掘技术、统计与分析技术、模型预测技术以及结果呈现技术等。数据分析是体现物联网商业价值的基础，对现有的数据进行计算、建模，从而达到预测的作用，实现数据的更高价值。例如用于聚类的Kmeans、用于分类的Naive Bayes、用于统计学习的支持向量机（support vector machine）等，这些都是物联网大数据分析的典型算法。

以华为云IoT一站式物联网数据分析服务IoTA为例，它是华为云推出的以资产模型为驱动的一站式物联网数据分析服务。基于物联网资产模型，整合大数据分析领域的最佳实践，实现物联网数据集成、清洗、存储、分析、可视化，为开发者打造一站式数据开发体验，并与华为云物联网相关云服务（比如设备接入）无缝对接，降低开发门槛，缩短开发周期，快速实现物联网数据价值变现。针对物联网数据具备的显著时序特征，华为云数据分析服务还在数据存储及数据分析上做了大量的优化。华为云IoT数据分析IoTA如图5-5所示。

华为云物联网数据分析服务IoTA主要提供了以下功能：

（1）资产模型。资产模型是对物理世界进行数字化建模的技术。通过建模，将物理对象、物理资产准确地映射到数字空间，形成可计算、可实时交互的数字对象，极大地提升业务系统与物理世界交互的效率。华为云物联网数据分析服务提供资产模型能力，帮助开发者快速定义各种复杂的资产模型，并基于该模型对物联网数据进行实时关联计算、高性能数据访问接口等。

图 5-5　华为云 IoT 数据分析 IoTA

（2）实时分析。基于物联网大数据流计算引擎，提供物联网实时分析能力。为了降低开发者开发物联网流分析作业门槛，物联网数据分析服务提供图形化流编排能力，开发者可以通过拖动方式快速开发上线。

（3）时序分析。专为物联网时序数据处理优化的服务，包括高压缩比的时序数据存储、高效的时序查询效率、海量时间线能力等。

华为云物联网数据分析服务在各个领域的应用场景非常广泛。IoTA 已与物联网接入服务无缝集成，设备一旦通过接入服务接入华为云，并授权数据分析服务访问数据，即可获得常见设备运营分析相关的数据集，无须数据开发人员进行开发。因此，通过物联网数据分析服务可以使得物联网设备运营相关的数据开发周期从数周缩短至几分钟。通过将华为云物联网数据分析服务应用在智能交通场景上，可以帮助快速构建可计算的道路模型，形成道路孪生体，再结合物联网数据分析服务的时空数据处理能力，实现各种时空维度上的计算功能。

知识拓展：大数据分析正迅速成为物联网中的关键技术。物联网中的大数据分析需要实时处理大量数据，并利用各种存储技术进行数据存储。考虑到大部分非结构化数据都是直接从支持 Web 的"物体"中收集的，大数据分析需要执行如闪电般的快速分析，以允许企业和组织快速观察、迅速决策，并与人和其他设备进行交互。

更多大数据技术相关知识，请扫描二维码。

5.3 人工智能技术

5.3.1 人工智能的概念

人工智能（artificial intelligence，AI）最初是在1956年美国计算机协会组织的达特莫斯（Dartmouth）学会上提出的。自诞生以来，人工智能的理论和技术日益成熟，应用领域也不断扩大。但是关于它的定义学术界一直尚无一个统一的描述。斯坦福大学人工智能研究中心的尼尔逊（Nilsson）教授从处理的对象出发，认为"人工智能是关于知识的科学，即怎样表示知识、怎样获取知识和怎样使用知识的科学"。麻省理工学院温斯顿（Winston）教授则认为"人工智能就是研究如何使计算机去做过去只有人才能做出的富有智能的工作"。斯坦福大学费根鲍姆（Feigenbaum）教授从知识工程的角度出发，认为"人工智能是一个知识信息处理系统"。

简单来说，人工智能就是运用知识来解决问题，研究、开发用于模拟、延伸和扩展人的智能的理论、方法、技术及应用系统，从而实现机器智能，使计算机也具有人类听、说、读、写、思考、学习、适应环境变化、解决各种实际问题的能力。它是计算机科学的一个分支，它企图了解智能的实质，并生产出一种新的能以人类智能相似的方式做出反应的智能机器。

人工智能的发展经历过几次高潮和低谷，最近几年，Google AlphaGo连续多次击败世界各地围棋高手，Google开源深度学习系统TensorFlow正式发布，美国人工智能研究实验室OpenAI于2022年11月底推出了人工智能对话聊天机器人ChatGPT，百度AI开发者大会正式发布DuerOS语音系统和Apollo无人自动驾驶平台，华为发布全球第一款AI移动芯片麒麟970等，一系列大事件预示着人工智能又迎来了一次新的发展高潮，这次高潮有可能会将人类带入一个崭新的人工智能的时代。1997年，IBM的超级计算机深蓝曾在国际象棋领域完胜人类代表卡斯帕罗夫；相隔20年，Google的AlphaGo在围棋领域完胜人类代表柯洁。这两次事件实际上有着本质上的不同。简单点说，深蓝的代码是研究人员编程的，知识和经验也是研究人员传授的，所以可以认为与卡斯帕罗夫对战的深蓝的背后还是人类，只不过它的运算能力比人类更强，更少失误。而AlphaGo的代码是自我更新的，知识和经验是自我训练出来的。与深蓝不一样的是，AlphaGo拥有两个大脑，一个负责预测落子的最佳概率，一个做整体的局面判断，通过两个大脑的协同工作，它能够判断出未来几十步的胜率大小。所以与柯洁对战的AlphaGo的背后是通过十几万盘的海量训练后拥有自主学习能力的人工智能系统。

5.3.2 人工智能的研究目标和内容

人工智能的研究目标可以划分为近期目标和远期目标两个阶段。人工智能近期目标的中心任务是研究如何使计算机去做那些只有靠人的智力才能完成的工作，部分地或某种程度地实现机器智能，并运用智能技术解决各种实际问题，从而使现有的计算机更灵活好用和更聪明有用。人工智能的远期目标是制造智能机器，使计算机具有看、听、说、写等感知和交互能力，具有联想、学习、推理、理解等高级思维能力，还要有分析问题、解决问题和发明创造的能力，从而大大扩展和延伸人的智能，实现人类社会的全面智能化。

人工智能的研究内容可以归纳为搜索与求解、学习与发现、知识与推理、发明与创造、感知与交流、记忆与联想、系统与建设、应用与工程八个方面。从研究对象来说，人工智能涉及三个相对独立的领域，即：

（1）研究会读和说的计算机程序，也就是通常所说的"自然语言处理"领域。

（2）研制灵敏的机器，通过设计出具有视觉和听觉程序化的机器人，在活动时能识别不断改变的环境。

（3）开发用符号识别来模拟人类专家行为的程序，即专家系统。

5.3.3 人工智能的应用领域

人工智能的研究是与具体领域相结合进行的，基本上有如下应用领域：

1. 专家系统

专家系统是一种模拟人类专家解决某些领域问题的计算机程序系统。专家系统内部含有大量的某个领域的专家水平的知识与经验，能够运用人类专家的知识和解决问题的方法进行推理和判断，模拟人类专家的决策过程来解决该领域的复杂问题。它是人工智能应用研究最活跃和最广泛的应用领域之一。

2. 机器学习

机器学习就是机器自己获取知识。机器学习的研究主要是研究人类学习的机理、人脑思维的过程、机器学习的方法，建立针对具体任务的学习系统。

3. 模式识别

模式识别是研究如何使机器具有感知能力，主要研究听觉模式和视觉模式的识别，如识别物体、地形、图像、字体等。

4. 人工神经网络

人工神经网络是在研究人脑的奥秘中得到启发，试图用大量的处理单元（人工神经元、处理元件、电子元件等）模仿人脑神经系统工程结构和工作机理，是通过范例的学习，修改了知识库和推理机的结构，达到实现人工智能的目的。

5. 智能决策支持系统

将人工智能特别是智能和知识处理技术应用于决策支持系统，扩大了决策支持系统的应用范围，提高了系统解决问题的能力，这就成为了智能决策支持系统。

第 5 章 物联网应用层关键技术

6. 自动定理证明

自动定理证明是指利用计算机证明非数值性的结果，即确定真假值。这些程序能够借助于对事实数据库的操作来证明和做推理判断。

7. 自然语言理解及自动程序设计

自然语言理解研究用电子计算机模拟人的语言交际过程，使计算机能理解和运用人类社会的自然语言如汉语、英语等，实现人机之间的自然语言通信，以代替人的部分脑力劳动，包括查询资料、解答问题、摘录文献、汇编资料以及一切有关自然语言信息的加工处理。

自动程序设计可以使计算机自身能够根据各种不同目的和要求来自动编写计算机程序，既可用高级语言编程，又可用人类语言描述算法。

5.3.4 机器学习

机器学习是人工智能的一个重要应用领域，也是大数据分析的一个重要手段。那么，什么是机器学习呢？

传统情况下如果我们想让计算机工作，就得给它一串指令，然后让它按照这个指令一步一步执行下去。有因有果，非常明确，但这样的方式在机器学习中却行不通。机器学习根本不接收你输入的指令，相反，它接收你输入的数据。也就是说，机器学习是一种让计算机利用数据而不是指令来进行各种工作的方法。

机器学习方法是计算机利用已有的数据（经验），得出某种模型（规律），并利用此模型预测未来的一种方法。

人类在成长、生活过程中积累了很多的经验与教训。人类定期地对这些经验进行"归纳"，获得了生活的"规律"。当人类遇到未知的问题或者需要对未来进行"推测"的时候，人类使用这些"规律"对未知问题与未来进行"推测"，从而指导自己的生活和工作。

机器学习中的"训练"与"预测"过程可以对应到人类的"归纳"和"推测"过程，如图 5-6 所示。通过这样的对应，我们可以发现，机器学习的思想并不复杂，仅仅是对人类在生活中学习成长的一个模拟。由于机器学习不是基于编程形成的结果，因此它的处理过程不是因果的逻辑，而是通过归纳思想得出的相关性结论。

机器学习与人类思考的经验过程是类似的，不过它能考虑更多的情况，执行更加复杂的计算。事实上，机器学习的一个主要目的就是把人类思考归纳经验的过程转化为计算机通过对数据的处理计算得出模型的过程。经过计算机得出的模型能够以近似于人的方式解决很多灵活复杂的问题。

机器学习目前已经广泛运用在计算机科学研究、自然语言处理、机器视觉、语音、游戏等领域。根据数据类型的不同，对一个问题的建模有不同的方式。在机器学习领域，人们首先会考虑算法的学习方式。将机器学习算法按照学习方式分类，可以让人们在建模和算法选择的时候能根据输入数据来选择最合适的算法，从而获得最好的结果。机器学习

机器学习及其五种创新形式应用

的算法按照学习方式主要可以分为监督式学习、无监督式学习、半监督式学习和强化学习等。

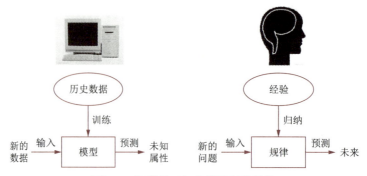

图 5-6　机器学习与人类思考的类比

1. 监督式学习

在监督式学习下，输入数据被称为"训练数据"，每组训练数据有一个明确的标识或结果。在建立预测模型的时候，监督式学习建立一个学习过程，将预测结果与"训练数据"的实际结果进行比较，不断调整预测模型，直到模型的预测结果达到一个预期的准确率。比如，在对手写数字"1""2""3""4"等进行识别时所使用的机器学习算法就属于监督学习。图 5-7 展示了监督学习训练模型的过程。

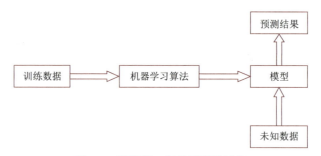

图 5-7　监督学习训练模型的过程

监督式学习可以被分为分类和回归。分类是基于已知数据的学习，实现对新样本标识的预测。像手写数字的识别和防垃圾邮件系统中"垃圾邮件"和"非垃圾邮件"的区分就属于监督学习中的分类。回归是针对连续型输出变量进行预测，通过从大量的数据中寻找自变量（输入）和相应连续的因变量（输出）之间的关系，通过学习这种关系来对未知的数据进行预测。

2. 无监督式学习

在无监督式学习中，数据并不被特别标识或者数据的总体趋势不明朗，学习模型是为了寻找数据中潜在的规律，从而推断出数据的一些内在结构。

无监督式学习可以分为聚类和降维。聚类属于一种探索性的数据分析技术，在没有任何已知信息（标识、输出变量、反馈信号）的情况下，可以将数据划分为簇。在分析数据

第 5 章 物联网应用层关键技术

的时候,所划分的每一个簇中的数据都有一定的相似度,而不同簇之间具有较大的区别。降维技术则经常被使用在数据特征的预处理中,通过降维技术可以去除数据中的噪声,以及不同维度中所存在的相似特征,在最大程度地保留数据的重要信息的情况下将数据压缩到一个低维的空间中。

3. 半监督式学习

在此学习方式下,输入数据部分被标识,部分没有被标识,这种学习模型可以用来进行预测,但是模型首先需要学习数据的内在结构,以便合理组织数据来进行预测。半监督式学习在训练阶段结合了大量未标识的数据和少量标识数据。与使用所有标识数据的模型相比,使用训练集的训练模型在训练时可以更为准确,而且训练成本更低。

4. 强化学习

在这种学习模式下,输入数据作为对模型的反馈,不像监督模型那样输入数据仅仅是作为一个检查模型对错的方式,在强化学习下,输入数据直接反馈到模型,模型必须对此立刻作出调整。强化学习是通过构建一个系统,在与环境交互的过程中提高系统的性能。环境的当前状态信息会包括一个反馈信号,通过这个反馈信号可以对当前的系统进行评价以改善系统,如图5-8所示。通过与环境的交互,Agent可以通过强化学习来产生一系列的行为。强化学习经常应用于游戏领域。

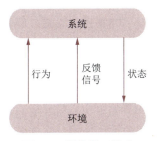

图 5-8 强化学习模式

知识拓展:更多机器学习相关知识,请扫描二维码。

5.3.5 人工智能技术在物联网中的应用

物联网的终极目标是实现万物智联,目前的物联网仅仅实现了物物联网,而我们最终需要的是服务,仅仅依靠联网是远远不够的。解决具体场景的实际应用,赋予物联网一个"大脑",才能够实现真正的万物智联,发挥物联网更大的价值。人工智能技术可以满足这一需求,人工智能通过对历史和实时数据的深度学习,能够更准确地判断用户习惯,使设备做出符合用户预期的行为,变得更加智能,从而提升产品的用户体验。

物联网产生的庞杂数据需要分析处理,而人工智能技术恰恰是信息有效处理的最佳选择,它可以使得智能产品更理解用户的意图。物联网能够源源不断地产生海量数据,这些海量数据可以提供给人工智能使其快速地获取知识。与人工智能技术的融合,能够为物联网带来更广阔的市场前景,从而改变现有产业生态和经济格局,甚至让我们提前进入科幻电影般的生活场景。

人工智能技术与物联网在实际应用中的落地融合就产生了AIoT,AIoT(人工智能物联网)=AI(人工智能)+IoT(物联网)。它并不是新技术,而是一种新的物联网应用形态,从而与传统物联网应用区分开来。如果说物联网是将所有可以行使独立功能的普通物体实现互联互通，用网络连接万物，那AIoT则是在此基础上赋予其更智能化的特性，做到真正意义上的万物智联。

随着物联网、人工智能、云计算、大数据等技术的快速发展，以及在众多产业中的垂直落地应用，人工智能与物联网在实际项目中的融合落地变得越来越普遍。AIoT作为一种新的物联网应用形态存在，与传统的物联网区别在于：传统的物联网是通过有线和无线网络，实现物-物、人-物之间的相互连接，而AIoT不仅是实现设备和场景间的互联互通，还要实现物-物、人-物、物-人、人-物-服务之间的连接和数据的互通，以及人工智能技术对物联网的赋能，进而实现万物之间的相互融合，最终目的是使用户获得更加个性化的，更加安全、简单、便捷、舒适的使用体验。

人工智能与物联网的结合，这种新技术浪潮可以带来新的机遇，并改变整个行业的运营方式。以下是几个比较典型的应用案例：

（1）自动驾驶。自动驾驶是人工智能和物联网协同工作的一个非常典型的例子。自动驾驶汽车装有传感器，需要不断地收集关于周围环境的海量数据。这些数据使用人工智能模型处理成智能洞察力，使车辆的导航系统能够实时协商环境并执行复杂的路径规划。

（2）智能家居。智能家居旨在将家中的各种设备通过物联网技术连接到一起，并提供多种控制功能和监测手段。与普通家居相比，智能家居不仅具有传统的居住功能，并且兼备有网络通信、信息家电、设备自动化等功能，提供全方位的信息交互，甚至可以为各种能源费用节约资金。目前的智能家居是通过局域网络将家庭内部的智能设备连接起来，实现一些自动化控制的功能，与以往相比，这似乎已经将生活变得非常"智能"。但AIoT将赋予智能家居真正的智能，AIoT研究的一部分就是变家庭自动化为家庭智能化。

（3）智慧城市。AIoT可以创造城市精细化管理新模式，真正实现智能化、自动化的城市管理模式。AIoT依托智能传感器、通信模组、数据处理平台等，以云平台、智能硬件和移动应用等为核心产品，将庞杂的城市管理系统降维成多个垂直模块，为人与城市基础设施、城市服务管理等建立起紧密联系。借助AIoT的强大能力，城市真正被赋予智能。智慧城市将对现有的政务服务、智慧警务、智慧医疗、智慧教育、智慧交通等采取统一的智慧化管理，让这些细分领域融入智慧城市的系统中。

（4）工业机器人。AIoT在工业领域也具有着非常广阔的应用前景，其中主要就是在工业机器人领域的应用。在自动化普及的工业时代，生产过程会完全自动化，机器人具有高度的自适应能力，工业物联网会在AIoT的辅助下实现机器智能互联。此外，AIoT还可以帮助管理者更加自如地操控，尤其在一些工业危险领域，以机器人代替人工，将AIoT的作用进一步发挥。

5.3.6 华为云AI开发平台ModelArts介绍

ModelArts是面向开发者的一站式AI开发平台，为机器学习与深度学习提供海量数据预处理及半自动化标注、大规模分布式Training、自动化模型生成，及端-边-云模型按需部署能力，帮助用户快速创建或部署模型，管理全周期 AI 工作流。华为 AI 平台 ModelArts 如图 5-9 所示。

图 5-9　华为 AI 平台 ModelArts

华为云一站式 AI 开发平台 ModelArts 支持所有主流的 AI 算法框架，能够基于机器学习算法及强化学习的模型进行训练，同时可以自动调优，利用 ModelArts 框架可以完成图像分类、物体检测、预测分析、声音分类、文本分类等功能。与此同时，由于 AI 算力来自华为云，客户无须在本地搭建计算环境，他们只需要在使用的时候为之付费，就像在家里使用自来水一样简单：水龙头一开，AI 算力迅疾喷涌而来。

华为云 ModelArts 能够极大地降低 AI 应用的门槛，帮助企业快速将 AI 注入到核心生产和运营系统，让 AI 成为推动经济社会高质量发展的核心力量。对于那些尚不具备强开发能力的企业，通过内置的行业场景适配模型，华为云一站式 AI 开发平台 ModelArts 可以帮助他们实现 AI 业务的快速上线，完成企业的智能化升级。面向开发者，华为云 ModelArts 提供了包括数据处理、算法开发、模型训练、模型管理、模型部署等在内的全流程 AI 模型开发技术能力。华为云 ModelArts 还可以支持大规模分布式训练，这就极大地解决了开发者及企业客户面临的技术、成本、资源等挑战。相比线下开发大模型，基于 ModelArts 的开发效率可成倍提升。

与此同时，华为云在 ModelArts 的基础上全新打造了开放的 AI 开发者生态社区 AI Gallery，通过它连接供应方与需求方，助力解决 AI 落地时所面临的"AI 算力稀缺、AI 人才短缺、AI 开发难、AI 行业应用难"两难两缺问题，推动 AI 走进千行百业的核心生产系统。目前，华为云 AI Gallery 已经汇聚了算法、模型、数据集、工作流等十余种、50 000 余个 AI 资产，其中还包括大量的经典论文算法，供各行各业开发者学习与取用，能够最大限度地降低他们在人工智能领域的学习门槛，加速 AI 的应用实践。AI Gallery 社区就像是一个 AI 模型超市，在这里可以获取很多免费的数据集资产，方便初学者快速上手使用。如果想快速体验 ModelArts，但是手上没有现成的数据集，或者有数据集也没有标注，那么就可以去 AI Gallery 社区看看，找一个感兴趣的模型下载部署体验。

知识拓展：目前人工智能技术在我们生活中的应用也越来越多，比如智能手机上的语音助手、可以帮助我们打扫卫生的扫地机器人、智能化搜索、脸部识别、指纹识别等。未来，人工智能可能会向模糊处理、并行化、神经网络和机器情感等几个方面发展。人工神经网络是未来人工智能应用的新领域，而人工智能领域的下一个突破可能在于赋予计算机情感能力，这对于计算机与人的自然交往至关重要。

更多人工智能技术相关知识，请扫描二维码。

5.4 中间件技术

5.4.1 中间件的概念

中间件是介于各种分布式应用程序和系统软件（包括操作系统和底层通信协议等）之间的一个软件层。它作为一种独立的系统软件或服务程序，介于上层应用和下层硬件系统之间，发挥服务支撑和数据传递的作用。中间件向下负责协议适配和数据集成，向上提供数据资源和服务接口。上层的分布式应用系统借助这种软件，可实现在不同的技术之间共享资源。中间件位于客户机/服务器的操作系统之上，管理计算机资源和网络通信，可以提供两个独立应用程序或独立系统之间的连接服务功能。系统即使具有不同的接口，也可以通过中间件相互交换信息，这也是中间件的一个重要价值。通过中间件，应用程序可以工作于多平台或操作系统环境，即实现常规意义的跨平台。

在使用中间件时，往往是一组中间件集成在一起，构成一个平台（包括开发平台和运行平台），但在这组中间件中必须要有一个通信中间件，即中间件＝平台＋通信。中间件是位于平台（硬件和操作系统）和应用之间的通用服务，这些服务具有标准的程序接口和协议，如图 5-10 所示。

图 5-10 中间件的位置

中间件技术给用户提供了一个统一的运行平台和友好的开发环境，同时也是帮助用户减小高层应用需求与网络复杂性差异的有效解决方案。常见的中间件主要包括应用程序服务器中间件、数据库中间件、消息中间件等。

中间件的主要特点可归纳如下：
（1）满足大量应用的需要。
（2）运行于多种硬件和操作系统平台。
（3）支持分布式计算，提供跨网络、跨硬件和操作系统平台的透明应用和服务交互。
（4）支持多种标准的接口。
（5）支持多种标准的协议。

5.4.2　物联网中间件的概念

互联网的大规模普及，拉近了人与人之间的距离，不同国家不同语种的人与人之间的交往也变得更加密切起来。由于彼此使用的语言不通，为了能够互相交流，就需要将不同语种的语言转换成对方可以识别理解的信息，这就是翻译存在的理由。同样随着物联网技术在生活和行业中的大规模应用，物与物之间的相互通信与协同工作也变得密切起来。许多应用程序需要在异构的平台上运行，在这种分布式异构环境中，通常存在多种硬件系统平台，在这些硬件平台上，又存在各种各样的系统软件。如何把这些硬件和软件系统集成起来，并在网络上互通互联，是非常现实和困难的问题。因此，在物联网世界中也需要一个翻译，消除千千万万不能互通的产品之间的沟通障碍，实现跨系统的交流。这个翻译，就称为物联网中间件。物联网中间件是介于前端硬件模块与后端应用软件之间的重要环节，是物联网应用运作的中枢。它起到一个中介的作用，屏蔽了前端硬件的复杂性，并将采集的数据发送到后端的网络。物联网中间件可以在众多领域应用，需要研究的范围也很广，既涉及多个行业，也涉及多个不同的研究方向。

5.4.3　物联网中间件的特点

物联网中间件主要具有以下特点：
（1）独立于架构。物联网中间件独立于物联网设备与后端应用程序之间，并能与多个后端应用程序连接，降低维护的复杂性。而前端能兼容多种不同厂商、不同型号甚至不同功能的异构设备。
（2）面向数据流的优化。数据处理是物联网中间件不可或缺的基本功能。物联网中间件通常具有数据采集、过滤、整合与传递等功能，以便将从设备端采集到的信息准确、可靠、及时地送达上层应用系统。
（3）面向业务流的优化。物联网中间件可以支持各种消息转发或者事件触发机制，并以直观的方式进行业务逻辑的交互设计，支持各种复杂业务或者工作流的创建和生成。
（4）支持标准化协议。物联网中间件需要为大量异构的上层应用和下层设备提供交互连接和数据汇聚，因此支持各种物联网行业的标准化协议与接口方式。

5.4.4 物联网中间件在物联网系统中的主要作用

物联网中间件在物联网系统中的主要作用有以下三点：

（1）屏蔽异构性。异构性主要表现在计算机软硬件系统之间的异构，包括硬件、操作系统、数据库等。造成异构的原因多来自市场竞争、技术升级以及保护投资等因素。

（2）确保交互性。各种异构设备、异构系统、异构应用间可以通过中间件进行彼此交叉的数据获取，从而形成信息的互通互享，或者进行彼此之间交互控制，即进行各种控制命令和信号的传递。

（3）数据预处理。物联网的感知层采集海量的信息，如果把这些信息直接输送给应用系统，那应用系统对于处理这些信息将不堪重负。应用系统想要得到的并不是原始数据，而是综合性信息。这就要求物联网中间件能帮助系统进行各种数据的预处理和加工，在确保数据准确、可靠、安全的前提下，进行数据压缩、清洗、整合后，再将数据按需进行传输和处理。

5.4.5 物联网中间件的典型应用

在物联网系统中存在着大量来自不同厂家的不同设备，它们或者具有不同的型号，或者新旧程度不同，或者支持不同的通信协议，如何实现这些设备之间的协议转换和连接是物联网系统建设中的一个关键问题。而这正是物联网中间件平台的主要应用方向，通过物联网中间件平台可以快速对接各种通信协议，以实现不同厂家、不同设备、不同软件之间的数据交互和统一管理，实现"万物互联"，真正地将物联网延伸至各类智能节点。

物联网中间件用途广泛，涉及智能交通、环境保护、政府工作、公共安全、智能楼宇、智能消防、智能制造、环境监测、个人健康、智慧农业和食品溯源等众多领域，典型的应用场景如图5-11所示。

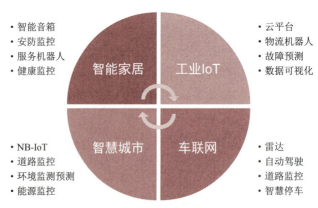

图 5-11 物联网中间件的典型应用场景

5.4.6 常见的物联网中间件框架平台

物联网中典型的中间件有 RFID 中间件、传感网网关、传感网节点、传感网安全中间件，还有其他嵌入式中间件、M2M 中间件等。

随着物联网中间件的重要性日益凸显，很多企业都陆续推出了物联网中间件平台产品，用于实现对设备互联、协议转换等的支持。目前常见的物联网中间件平台框架有：霍尼韦尔的 Niagara 平台，GE 的 Predix 平台，华为的 OneAir 解决方案以及海尔的 COSMOPlat 等。实际上，物联网云平台也可以看作是物联网中间件的概念逐渐演化形成的。

以下介绍两种比较常见的物联网中间件框架：霍尼韦尔的 Niagara 平台和华为的 OneAir 解决方案。

Niagara Framework 是霍尼韦尔旗下的全资子公司 Tridium 开发的一种灵活的、可扩展的开放式物联网中间件框架平台，它将先进的 IT 和物联网技术进行融合，目前最新的 Niagara Framework 涵盖了分布式边缘计算技术，支持高安全性、高可靠性、高效数据接入和大数据整合和分析计算等。它的应用范围包括智慧建筑、智能制造、数据中心、安防系统、能源管理、报警管理、智慧城市等领域，在相关领域的应用非常广泛。Niagara 作为一个通用性中间件框架，其本身基于 Java 的专有技术，可以跨任意平台，集成各节点上不同系统平台上的构件。通过通用模型提供算法程序，抽象、标准化异构数据大大降低了分布式系统的复杂性。Niagara 创造了一个通用的环境，支持 BACnet、Modbus、LonWorks、OPC UA、MQTT 等通信协议，几乎可以连接任何嵌入式设备，并将它们的数据和属性转换成标准的软件组件，简化开发的过程。通过大量基于 IP 的协议，支持 XML 的数据处理和开放的 API，为企业提供统一的设备数据视图，从而实现了各个系统之间以及系统与上层应用之间的相互统一。霍尼韦尔的 Niagara 平台如图 5-12 所示。

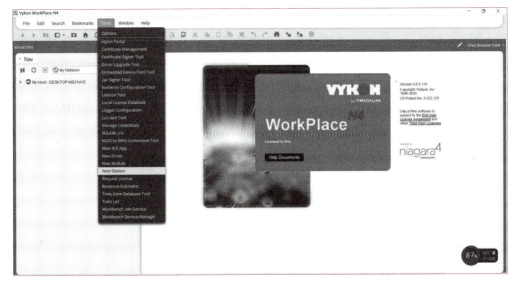

图 5-12　霍尼韦尔的 Niagara 平台

学习笔记

为满足工业物联网的发展需要,华为发布了创新的OneAir行业专网解决方案,一张网络就可以承载多种业务,利用一张无线网同时承载了语音调度、视频监控、数据传输、实时位置、工业物联等,提供不同的网络接入类型。彻底改变了企业内烟囱式多系统并存的格局,以一张无线网络承载多样化的行业应用,并通过多样化频谱的支持深入适配多种行业的开放融合架构。既便于企业自建,又能保障生产安全,目前已经可以适配多个行业,在交通、能源、电力、制造行业都有广泛的运用,引领了工业物联专网建设的新风尚。华为提供的无线工厂和无线园区OneAir解决方案,包含eLTE宽带集群和NB-IoT窄带物联,采用工业级设计,网络简单,易于维护,能为园区内不同业务的差异化要求提供完美的技术匹配,实现智能工厂物联、生产作业、仓储物流和安全管控。能为各类企业建立连续、可靠、安全、不间断的无线通信网络,奠定工厂实现智能化的坚实基础,主要用于轨道交通、港口、露天采矿、智能电网、制造、石油化工等诸多领域。针对不同的业务和频谱,OneAir解决方案有三种技术可供选择。

(1)授权频谱的LTE技术,支持多种行业专用频谱,可为宽带数据提供高性能的接入服务及语音等业务,支持超宽带数据吞吐率,最高可实现400 Mbit/s数据传输速率,语音业务最远62 km,宽带数据业务最远37 km。

(2)免授权频谱(2.4 GHz和5.8 GHz)的LTE技术,可提供相比于Wi-Fi更广的覆盖范围和更优的业务性能,覆盖半径可达1 000 m,并可实现多用户调度,抗干扰能力强,时延更低,移动性能更优。

(3)免授权频谱(<1 GHz的ISM频段)的eW-IoT技术,基于ISM频谱的物联专网,可提供机器与机器之间的可靠连接,实现大量的工业设备信息采集,最远10 km覆盖,低耗电(最长十年电池寿命),拥有更多连接数。

这三种技术可融于一张OneAir无线专网,满足不同行业的各类业务需求,从而便于维护、提升运营效率和减少网络建设费用。

 文档

不可或缺的物联网中间件

知识拓展:一些关于物联网中间件的最有前途的开源项目,包括针对云传感器系统的OpenIoT,针对设备间通信协议的FIWARE,针对数据存储和机器学习的快速部署和高可扩展性的LinkSmart,针对通信、控制和管理的自动化层物联网抽象的DeviceHive,针对智能应用的工业物联网框架ThingSpeak等。类似地,IBM、AWS、Azure、谷歌和甲骨文都开发了企业中间件,专注于自动化特定任务或核心业务活动流程。

更多中间件技术相关知识,请扫描二维码。

 视频

中间件技术

5.5 物联网应用系统

5.5.1 物联网应用系统概述

物联网应用层不仅需要把获取到的海量数据进行精准处理和实时管理，让这些数据随时"待命"，一旦人们需要，就可以随时随地调用这些数据，还必须将这些数据内容与各种业务的具体内容紧密联系起来，实现数据与行业应用相结合。因此，物联网应用层一个非常重要的组成部分就是物联网应用系统，它通过功能完善的软件系统将数据整合在一起应用于各种具体场景和行业，涵盖了环境监测、智慧农业、智能家居、智能交通、智能安防、智慧医疗等很多实际应用，形成了多样化、规模化和行业化的特点。目前，物联网应用系统涉及的行业众多，但本质上可以划分为四种类型：

- 监控型，比如物流监控、环境监控等。
- 控制型，比如智能交通、智能家居等。
- 扫描型，比如手机钱包、高速公路不停车收费等。
- 查询型，比如远程抄表、智能检索等。

因此，物联网应用系统的主要功能就是为用户提供终端远程管理、运行监控、警告管理、协议适配、业务数据传输、行业应用接入等综合服务功能，为物联网各种应用提供强大、稳定的运行支撑环境。

物联网应用涉及面广，涵盖业务需求多，其运营模式、应用系统、技术标准、信息需求、产品形态均各不相同，需要统一规划和设计应用系统的业务体系结构，才能满足物联网全面实时感知、多业务目标、异构技术融合的需要。物联网应用系统的主要任务就是将经过分析处理之后的数据信息按照业务应用需求，采用软件工程的方法完成服务发现和服务呈现，包括对采集数据的汇聚、转换、分析，以及用户端呈现的适配和事件触发等，终端用户最终是通过物联网应用系统与物联网实现交互的。

5.5.2 物联网应用系统的设计开发

由于各个学科、专业领域的技术交叉融合和应用，物联网应用系统设计、开发的方法以及可以应用的技术种类繁多，而要实现一个功能完备、使用方便舒适、高效、安全的物联网应用系统，必须采用系统集成的方法。物联网应用系统的系统集成是指通过结构化、合理化的感知、识别技术和数据信息传输的通信、网络系统以及信息处理控制技术，将各个分离的设备、功能和信息等集成到相互关联、统一和协调的物联网系统之中，使资源达到充分共享，实现集中、高效、便利的管理，使系统性能最优。

因此，当设计开发人员接到物联网应用系统开发任务时，一般要依次完成以下步骤：

（1）系统需求分析。系统需求分析需要对所开发的系统要解决的问题进行详细的分析，弄清楚问题的定义，明确所要开发的物联网应用系统到底是用来"做什么"的。需求分析至关重要，它具有决策性和方向性，一旦需求分析产生了大的偏差，会对后续阶段产生非常不利的影响。

（2）系统设计。通过系统需求分析搞清楚所要开发的物联网应用系统是用来"做什么"之后，接下来的任务就是"怎么做"。系统设计阶段是一个把需求转换为表示的过程，形成设计文档。文档包括物联网应用系统的硬件设计文档和软件设计文档。

硬件设计主要包括物联网应用系统的感知层的感知节点设计、传输层的传输节点与网关节点选型与设计、开发调试工具选型等方面。

软件设计主要包括感知节点传感器驱动程序设计、传输层无线通信协议应用程序设计、传输层网关程序设计、上层人机交互界面应用程序设计等。

（3）系统软、硬件开发。当设计文档齐备，接下来就是物联网应用系统的开发，开发同样包括硬件和软件两部分。

- 硬件开发主要包括感知层的感知节点开发、传输层的传输节点与网关节点开发等。
- 物联网应用系统的软件开发与传统的软件开发有着很大的不同，整个物联网应用系统从硬件底层到上层应用平台，结合了多个学科的多种技术，如单片机编程、嵌入式编程、网络通信编程、C++、C#、Java、Python编程等。感知层与传输层的软件开发一般为基于C语言的单片机编程、嵌入式编程和网络通信编程，上层人机交互界面应用程序软件开发可以选择C++、C#、Java或Python编程。

（4）系统软硬件集成测试。测试将系统的感知层、传输层、应用层开发的硬件系统、软件系统整合起来，对系统进行全面测试。

（5）系统发布与维护。将系统发布给市场或客户，及时获取反馈，以进行物联网应用系统的改进和升级。

物联网应用系统存在信息多源、异构、环境复杂多变等特点，因此在进行系统设计开发过程中，除了遵循常规的软件设计与开发原则外，还需要遵循以下一些原则：

（1）多样性原则。物联网体系结构必须根据物联网节点类型的不同，允许组成多种不同类型的网络结构，允许使用不同类型的无线通信协议，允许使用不同类型的接入方法。

（2）时空性原则。不同的应用场景下，对感知器节点的要求也不一样，如在野外环境下，要求感知器节点能具有较长时间的电能供应，而在各大商场部署的感知节点，则往往需要有较大的信号覆盖范围。物联网体系结构必须能够满足物联网的时间、空间和能源方面的需要。

（3）互联性原则。物联网应用系统的数据，一般来说都要最终通过互联网传输和汇总，才能完成后续的处理和利用。因此要求物联网体系结构必须能够平滑地与互联网连接。

（4）安全性原则。物联网的感知节点因为是无线发射，在很多情况下都是暴露的，因此入侵者比较容易获取信号，通过监听、伪造身份、劫持合法节点等方法入侵系统，非法获取机密信息或者输入非法和异常数据，进而引起物联网的上层控制系统失效，导致严重的安全问题。因此物联网应用系统必须能够防御大范围的网络攻击。

（5）扩展性原则。物联网应用系统常常需要应对系统扩张的问题，比如在煤矿物联网应用系统中，随着煤矿挖掘的不断深入，需要布置新的传感器节点，通过授权后，这些节点必须能自动地加入应用系统中。因此，物联网应用系统必须能满足感知节点在数量上及功能上的可扩展性。

（6）可靠性原则。有时候物联网应用系统需要部署在野外、地下管道、辐射区等环境中，随着时间的推移，传感器节点有可能被盗、失效，但是物联网应用系统不能因为部分节点的失效而无法工作。因此，物联网应用系统必须具备坚固性和可靠性，能通过自动组网、动态调节等技术对节点失效有一定的容忍能力。

5.5.3 物联网应用系统开发技术栈

如果从软件开发的角度来看，物联网应用系统开发使用的技术栈如图 5-13 所示，其主要包括如下内容：

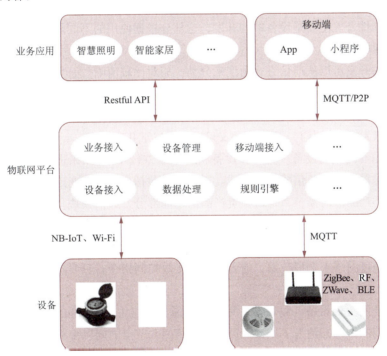

图 5-13 物联网应用系统开发技术栈

1. 前端、后端开发

负责物联网平台和业务应用的开发。物联网应用系统的开发涉及前端和后端的多种技术。

（1）移动端开发：包括 Android App、iOS App、H5 小程序、华为鸿蒙系统 App 开发等。

（2）Web 端开发：可以使用 C++、C#、Java 或 Python 等编程语言来开发 Web 端应用。

（3）物联网平台开发：物联网平台，作为连接业务应用和设备的中间层，屏蔽了各种复杂的设备接口，实现设备的快速接入。目前，一些大型的云计算服务提供商都在他们的云平台中提供有物联网平台服务，如亚马逊的 AWS 平台、阿里云、腾讯云、华为云的物联网平台等。它们的目标就是提供一个通用的通信标准和 SDK，快速地接入各种硬件设备，通过设备接入数量、通信数据的流量，以及提供各种业务层的服务来获取利润。从开发的角度来看，物联网平台的开发技术栈主要是后端开发。

（4）业务应用开发：物联网平台最宝贵的就是数据，如何利用这些数据，这就是业务应用的事情了。所谓业务应用，简单来说就是通过调用物联网平台提供的 API，实现设备管理、数据上报、命令下发等业务场景。设备管理是在设备接入基础上，提供了更丰富完备的设备管理能力，简化海量设备管理的复杂性，提升管理效率。

从物联网平台的设备和数据中，可以衍生出各种不同的业务应用场景，这就要根据实际的系统功能来进行按需开发了。比如智慧城市、智慧照明、智慧工业、车联网等行业应用。业务应用开发的技术栈前端和后端开发都会涉及。

2. 嵌入式软件开发

嵌入式软件开发主要是设备端的开发，这部分根据使用的不同硬件模块又可以分为很多不同的子领域。

设备端的开发可以从通信方式角度来分类，相对比较清晰。一个设备要想接入网络肯定需要通信功能，而通信包括有线通信和无线通信。在一些传统行业，或者对通信质量要求比较高的场景下，部署有线网络比较常见，比如一些工业场景中。而对于一些民用领域，大部分还是以无线通信为主。无线通信又可以分为以下几种类型：

（1）不需要网关的设备。这一类设备利用 2G／3G／4G 基站来进行数据的传输，产品的形态主要是单片机＋通信模块的方式。通信模块包括 GPRS 模块、4G 模块、NB-IoT 等。在开发这一类产品的时候，单片机负责产品的功能部分，通信模块负责通信部分。单片机与通信模块之间，在硬件上通过 UART 口通信居多，在协议上可以通过 AT 指令，或者其他的一些专有协议。这一类的产品的软件开发工作与一般的单片机开发并无区别，无非是增加了一些通过网络来上报数据，或者从网络接收控制指令，只要熟悉所使用的通信协议即可。

（2）需要网关的设备。物联网常用的无线通信协议主要有 ZigBee、ZWave、RF433、BLE 等，它们的作用都是为了让多个设备能够组网，节点之间以多跳的方式传输数据，达到通信的目的。这些数据最终会汇总到一个称为网关的设备，然后与云端的服务器进行通信。这一类产品的开发，主要包括网关开发和设备开发。

网关的开发稍微复杂一些。从功能上来说，网关需要实现设备的管理、规则引擎（在断网的状态下实现场景联动等功能）、通信协议转换（把物联网平台的通信协议转换成设备私有协议）等。有些网关中，还会集成不同的无线通信协议模块，比如：把 ZigBee、BLE、红外等功能集成在一个网关中，这样不同通信方式的设备就可以在一个系统中共存了。

设备的开发工作相对比较纯粹，它只需要处理某一种无线协议即可。这一类设备的开发，一般都是使用相应的通信模组，底层的协议栈都是提供好的。开发者需要做的工作主要就是熟悉应用层的通信协议，完成指令的解析和数据上报工作。

（3）Wi-Fi类设备：这一类产品最常见的就是各种品牌的网络摄像头（IP Camera）。摄像头如果作为一个单品来使用，只要把Wi-Fi SSID和密码配置到摄像头中，就可以使用官方的App来远程查看实时画面了。如果要把摄像头集成在一个物联网应用系统中，就需要进行二次开发。摄像头厂家一般都会提供SDK，作为开发者需要做的事情就是：调用SDK中的API函数，获取实时画面、发送指令控制摄像头云台转动等。

5.5.4 基于华为云IoT开发物联网应用

物联网应用是企业和开发者进行设备管理、告警&故障监测、业务监控、数据分析的重要工具。物联网平台屏蔽了设备接入的复杂性和协议的差异性，解耦应用与设备，为上层应用提供统一格式的数据，简化终端厂商开发的同时，也让应用提供商聚焦于自身的业务开发。基于华为云IoT物联网平台的应用开发方案如图5-14所示。

图5-14 华为云IoT物联网平台的应用开发方案

应用服务器作为应用侧的业务处理核心，分析物联网平台推送的设备消息，并根据分析结果与应用客户端进行交互，完成业务处理。

不同企业，即使针对同一产品，业务逻辑也可能不同，应用开发往往定制性较高。基于该现状，华为物联网平台提供了三种不同的开发方式，可以通过调用API接口、集成SDK或者低代码开发服务来开发应用，同时配套多样化的开放套件，满足不同合作伙伴所需。三种开发方式对比见表5-1。

表5-1 华为物联网平台三种开发方式对比

开发方式	优势	不足	适用场景
调用API接口	开发灵活，随需调用API接口。 对于应用开发语言无限制，支持所有的开发语言	开发工作量、开发难度相比集成SDK大。 应用上线周期相对较长。 需要额外购买服务器资源	企业开发能力强，需灵活使用物联网平台的能力
集成SDK	代码开发工作量较小，开发能力的门槛相比直接调用API接口较低。 开发周期短	与直接调用API接口相比，开发的灵活性稍差。 开发语言仅支持Java、PHP和Python。 需要额外购买服务器资源	企业已有应用服务器，需要对接物联网平台
低代码开发	应用开发操作图形界面化，操作简便。 提供典型场景的应用模板，应用十分钟快速上云。 直接托管在华为云，无须购买额外的服务器资源	可扩展性差，只能使用平台提供的功能组件	企业对应用的个性化的定制要求不高，需要快速构建和上线应用

（1）基于API开发物联网应用。物联网平台把自身丰富的管理能力通过API的形式对外开放，包括产品管理、设备管理、设备组管理、标签管理、设备CA证书管理、设备影子、设备命令、设备消息、设备属性、订阅管理、规则管理、批量任务等，帮助用户快速构筑基于物联网平台的行业应用。物联网平台提供了RESTful（representational state transfer）风格API，可以通过https请求调用。

（2）基于SDK开发应用。物联网平台提供应用侧SDK和设备侧SDK，方便设备通过集成SDK接入到平台，应用通过调用物联网平台的API，实现安全接入、设备管理、数据采集、命令下发等业务场景。

（3）基于图形化SaaS服务开发应用。华为云物联网平台提供规则引擎能力，支持将设备上报的数据转发至华为云其他云服务，如可由数据可视化服务（DLV）读取数据呈现为可视化报表，实现数据的一站式采集、处理和分析。

基于API和SDK开发应用时，都需要搭建应用服务器，搭建应用服务器有以下三种方案：

（1）弹性云服务器ECS：是一种可随时自助获取、可弹性伸缩的云服务器，帮助用户打造可靠、安全、灵活、高效的应用环境。用户无须关注硬件，即租即用，按使用量付费，易扩容；建设周期短，上线快。同时ECS提供全套管理维护工具，简化部署和维护的步骤。

（2）本地服务器：需要企业自行购买、配置和管理服务器。自由度高，但建设周期长，系统上线慢，需要企业自行维护。

（3）本地PC：一般仅用于开发者在调试时使用，需要PC一直开机，程序持续运行。

5.6 物联网应用层关键技术认知实践

1. 实践目的

本次实践的主要目的是：

（1）了解云计算技术定义、分类、特征以及云计算技术在物联网中的主要作用。

（2）了解大数据的概念、特性、处理流程、典型应用及其在物联网中的作用。

（3）了解人工智能的概念、研究目标、应用领域及其在物联网中的作用。

（4）了解中间件技术的概念、特点及其物联网中的作用。

2. 实践的参考地点及形式

本次实践可以在物联网技术、云计算技术、人工智能技术等实训室进行实训，还可以通过物联网虚拟仿真平台或互联网搜索引擎查询的方式进行。

3. 实践内容

实践内容包括以下几个要求：

（1）通过调研了解云计算技术在物联网中的主要应用场景，分析其对物联网发展的促进体现在哪里。

（2）通过调研了解大数据技术在物联网中的主要应用场景，分析其对物联网发展的促进体现在哪里。

（3）通过调研了解人工智能技术在物联网中的主要应用场景，分析其对物联网发展的促进体现在哪里。

（4）调研分析中间件技术对开发物联网应用系统中的重要作用，了解常见的中间件框架平台的应用。

（5）调研分析当前典型的物联网应用系统架构，了解华为云 IoT 平台开发物联网应用的方法。

4．实践总结

根据上述实践内容要求，完成物联网感知技术的实践总结，总结中需要体现实践内容中的五个要求。

习 题

一、选择题

1．从商业视角来看，云计算与下列的（　　）比较像。

  A．加油站   B．水库   C．自来水管   D．信息电厂

2．某企业是一家传统的互联网数据中心服务商，有自建的数据中心。当该企业考虑向云计算行业转型的时候，最有可能选择如下（　　）云计算商业模式。

  A．IaaS   B．PaaS   C．SaaS   D．DaaS

3．某公司搭建云计算服务平台，提供虚拟机资源供需要的用户购买，此公司属于（　　）部署模式。

  A．私有云   B．公有云   C．政务云   D．混合云

4．以下大数据的来源中，产生数据规模最大的是（　　）。

  A．企业办公自动化产生的数据库数据   B．微博、微信等产生的社交数据

  C．物联网产生的数据   D．浏览网页的数据

5．大数据处理流程中用户最关心的是（　　）。

  A．数据抽取   B．数据集成

  C．数据分析   D．数据处理的结果

6．以下不属于人工智能的应用领域的是（　　）。

  A．专家系统   B．机器学习

  C．高级程序设计语言   D．智能决策支持系统

7. 识别汽车车牌上的字母和数字属于机器学习的（　　）。
   A. 强化学习　　　　　　　　　　B. 监督式学习
   C. 无监督式学习　　　　　　　　D. 半监督式学习

8. 以下不属于物联网中间件特点的是（　　）。
   A. 位于物联网层次结构的中间层　B. 独立于架构
   C. 面向数据流和业务流的优化　　D. 支持标准化协议

9. 以下属于物联网中间件平台的是（　　）。
   A. 华为云 IoT 数据分析 IoTA　　B. 华为 AI 平台 ModelArts
   C. 华为云容器引擎 CCE　　　　　D. 华为的 OneAir 解决方案

10. 华为物联网平台的应用开发方式中开发难度最小、构建和上线应用最快的是（　　）。
    A. 调用 API 接口　　　　　　　B. 集成 SDK
    C. 低代码开发服务　　　　　　D. 以上均不是

二、填空题

1. 云计算是一种基于_____的计算方式。通过这种方式，共享的软硬件资源和信息可以按_____提供给计算机和其他设备。

2. 云计算按照部署模式可以分为：_____、_____和_____三种类型。

3. 云计算按照服务类型可以分为：_____、_____和_____三种类型。

4. 大数据有四个显著的特性，分别为：_____、_____、_____、_____，一般称之为 4V。

5. 机器学习的算法按照学习方式主要可以分为：_____、_____、_____和_____四种。

6. 物联网中间件是介于前端_____与后端_____之间的重要环节，是物联网应用运作的中枢。

7. 物联网应用系统从本质上可以划分为四种类型，分别是_____、_____、_____和_____。

三、判断题

1. 云计算可以不依赖于互联网。（　　）

2. 某公司云计算环境由自己构建，并且把资源组合成虚拟桌面提供给公司员工使用，该使用模式属于私有云。（　　）

3. 云服务提供商在虚拟机上安装操作系统、中间件和应用软件，然后把此整体资源提供给用户使用，此种云计算商业模式是 PaaS。（　　）

4. 物联网产业所应用到的大数据处理内容主要有数据采集、传递、分析处理与应用，且数据的采集和传递是其中最重要的部分。（　　）

5. 人工智能的近期目标是要制造智能机器。（　　）
6. 人工智能技术与物联网在实际应用中的落地融合就产生了AIoT。（　　）
7. 物联网应用系统设计开发的第一步就是系统设计。（　　）

四、简答题

1. 简述云计算的部署模式有哪几种。
2. 简述云计算与物联网的关系。
3. 简述大数据的几个主要特征。
4. 简述什么是中间件，它在物联网中有什么作用？
5. 物联网应用系统涉及众多行业，其本质上可以划分为哪几种类型？

第 6 章 物联网安全关键技术

学习笔记

物联网应用系统安全维护按照安全问题定位、安全技术选型和安全维护处理三个步骤进行。安全问题定位包括对物联网感知层、网络层、处理层和应用层安全问题的排查，确定问题成因；安全技术选型根据问题定位结果选取合适的安全技术解决安全问题；安全维护处理是利用选取的安全技术对完全问题逐一解决，最后进行运行测试，确保安全问题排除。

学习目标

知识目标

（1）了解物联网安全层次架构；（2）了解物联网安全的关键技术；（3）了解物联网分层体系中各层次常见的安全问题。

能力目标

（1）能说出物联网安全的特殊性；（2）能说出物联网分层体系中各层次常见的安全问题；（3）能说出物联网在云计算、WLAN、IPv6、WSN、RFID中存在的安全风险。

素质目标

（1）具备强烈的爱国主义精神和文化自信；（2）具备自主学习和探索学习意识；（3）具备创新思维和科学素养；（4）关注社会热点和全球发展。

6.1 物联网安全概述

6.1.1 物联网安全的重要性

自2005年国际电信联盟在《ITU互联网报告2005：物联网》中正式提出"物联网"概念以来，伴随着互联网和智能计算的飞速发展，物联网技术的发展也取得了长足的进步。

如移动支付、智能家居、智慧交通等典型应用都离不开物联网技术的支撑。随着IPv6协议和5G通信的推广，网络的传输和响应速度会越来越快，这也预示着万物互联时代即将来临。

虽然物联网发展速度日趋迅猛，但物联网安全问题也日益突出。黑客对物联网攻击的目标或是通过直接控制物联网设备达成，或是以物联网设备为跳板攻击其他设备或系统。有些人更是可以通过分析网络上物联网设备采集的信息发现机密。近年来针对物联网的攻击事件也在逐年增加。表6-1列出了2022—2023年部分物联网安全事件。

表 6-1　2022—2023 年部分物联网安全事件

时间	公司或组织	事件	影响
2022年3月	Enercon	近6 000台风力发电机组失去远程控制服务	欧洲卫星通信受到大规模中断，直接影响了中欧和东欧近6 000台装机容量总计11 GW的风力发电机组的监控和控制
2022年3月	雀巢	雀巢遭攻击，致10 GB敏感资料外泄	全球最大食品制造商雀巢被披露了10 GB的敏感数据，包括公司电子邮件、密码和与商业客户相关的数据
2023年5月	ABB公司	工业自动化巨头ABB遭遇勒索软件攻击	勒索攻击影响了公司的Windows Active Directory，涉及数百台设备。为此，ABB终止了与其客户的VPN连接，以防止勒索软件传播到其他网络
2023年5月	卡巴斯基	暗网服务：DDoS攻击、僵尸网络和零日物联网漏洞	卡巴斯基数字足迹情报服务分析人员在各种论坛上发现了700多条DDoS攻击服务广告。这些服务的成本取决于受害者方面的DDoS保护、验证码和JavaScript验证等因素

安全事件的频发，引起了业界对物联网安全问题的广泛关注。致使针对物联网安全的投入也逐渐增长。IDC发布了2023年V1版IDC《全球物联网支出指南》，IDC数据显示，2022年全球物联网总支出规模约为7 300亿美元，2027年预计接近1.2万亿美元，五年复合增长率为10.4%。图6-1所示为中国物联网市场概况。

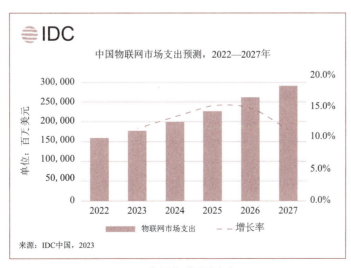

图 6-1　中国物联网市场概况

物联网安全关系整个物联网产业的健康发展，如果不能妥善解决物联网安全问题，将极大地阻碍物联网技术的发展和物联网应用的推广，甚至会影响到国家安全。各国政府对物联网安全都很重视。

6.1.2 物联网的安全架构

物联网场景对信息安全的要求和传统的互联网存在较大差别。在传统场景下，首要考虑机密性，其次是完整性，最后是可用性。在物联网环境下，优先级发生了变化，可用性的重要性上升。物联网实时采集数据，如果不能实时采集和传输数据，数据将不可使用，在工业场景下这会导致大量次品，在消费品场景下用户会认为系统失效。由于物联网设备功能单一，通常只采集某一种或几种数据，这些数据所揭示的信息有限，基本不涉及机密。因此需要优先考虑数据的可用性，同时还要保证数据的完整性，防止数据被篡改。相比而言，数据机密性的优先级较低。

此外，物联网场景中存在几个特定的信息安全要求。传统信息安全通常是通过用户名密码或其他方式进行身份认证和授权，但是物联网设备没有用户输入界面，大多数时候是持续在线，如何保证采集的数据是从被授权的终端未经篡改地上传是一个挑战。物联网的快速部署以及终端的庞大数量，对于后台如何能稳健支撑物联网系统运行也是一个很大的挑战。某些物联网设备如果处理不当会涉及一些可能带来人身伤害的行为，因此需要考虑的不单单是信息安全，还应包括人身安全、物理安全和隐私保护。

随着大数据、云计算等技术的发展，目前物联网应用的典型系统架构是一种"海-网-云"的结构，如图6-2所示。

图6-2 "海－网－云"应用系统架构

在这种架构中，分布在系统中的所有终端设备（包括移动终端、传感器、RFID等）产生的数据是"海量"的；这些数据通过"网络"（包括互联网、卫星网、移动网等）传输给上一层；上一层对海量数据进行存储、计算、分析，用户无须知道数据具体存储在哪台计算机或由哪个处理器来处理，而只需要知道如何获取处理结果即可，这个负责数据处理的就是"云层"。

从逻辑结构来看，物联网的核心分为感知层、网络层、处理层和应用层，如图6-3所示。感知层负责采集现实世界中产生的数据，实现对外部世界的感知；网络层负责在泛在互联网络环境中感知信息的接入和高可靠、高安全的传输；处理层负责对传输来的数据进行存储、融合、分析和处理，为应用层提供服务；应用层是结合具体用户需求和业务模型，构建场景应用系统。

无论是物联网应用的系统架构还是物联网逻辑架构，本质都是一种层次化的结构，而每个层次都涉及物联网的安全问题。按照分层结构思想，图6-4展示了一种层次化的物联网安全架构。

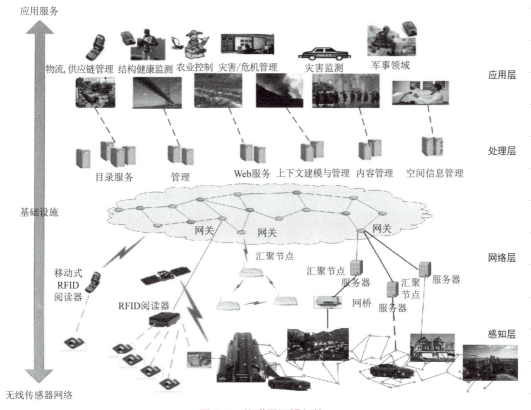

图 6-3　物联网逻辑架构

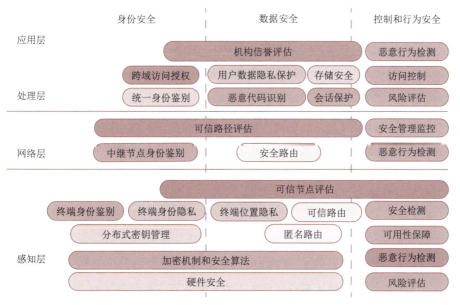

图 6-4　层次化物联网安全架构

6.1.3 物联网安全的特殊性

与传统的互联网相比,物联网安全的特殊性主要表现在以下几个方面:

1. 分层模型

传统的互联网分层模型是国际标准化组织(ISO)在1981年提出的开放系统互连(open system interconnection,OSI)7层模型,将互联网划分为物理层、数据链路层、网络层、传输层、会话层、表示层、应用层。而物联网分层模型大多采用3层结构:感知层、网络层、应用层。可见,物联网的层次划分不同于传统的互联网,因此传统互联网的安全协议无法直接应用到物联网中来。

2. 电磁干扰

与传统互联网相比,感知层是物联网比较特殊的一层。感知层中的传感器物理安全是物联网特有的安全问题,包括电磁信号干扰、屏蔽和截获。如果电磁信号受到影响,个人和国家的信息安全就会受到威胁。

3. 资源受限

相比互联网中的交换机、路由器、服务器等网络设备,物联网中涉及的诸如传感器节点或其他移动终端设备都存在资源和能量受限问题。因此过于复杂的安全保护体系无法在物联网中运行,这就需要设计轻量级的加密认证、鉴权鉴别、隐私保护等相关的安全机制。

4. 网络异构

整个物联网体系中,网络的接入和数据的传输,除了涉及互联网之外,也会牵扯无线传感网、卫星网、移动网等多种网络接入和数据传输方式。在这样一个异构的、泛在的复杂网络环境下,对物联网的安全机制,以及信息的传输、存储和管理都提出了更高的要求。

6.1.4 物联网安全的关键技术

物联网作为一种多网融合的异构网络,其安全问题涉及各个网络的不同层次。虽然移动网和互联网的安全研究时间较长,但由于物联网本身的特殊性,致使其安全问题的研究难度较大,基本还处于起步阶段。物联网的安全技术架构如图6-5所示。

其主要的关键技术如下:

1. 芯片级安全技术

针对物联网设备的安全问题,芯片级的安全技术是不错的解决方案,芯片级的安全技术包括可信平台模块(TPM)、安全启动(Secure Boot)、TEE、内存安全以及侧信道防护等。这些芯片级的安全技术具有从根本上解决物联网安全问题的能力,芯片级安全技术软硬结合的防御措施,使攻击者难以窃取数据,窃取了也读不懂,读懂了也篡改不了。芯片级安全技术是物理安全的发展方向之一，目前越来越多的芯片厂商在设计的芯片中增加了安全机制，如 TrustZone，同时国际上也成立了可信计算组织（trusted computing group，TCG）以推动安全技术的发展。

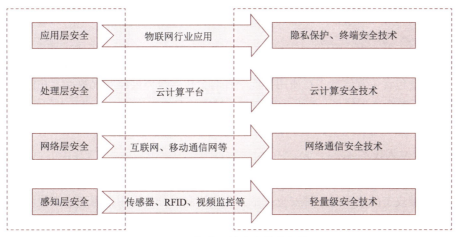

图 6-5　物联网的安全技术架构

2．内存安全技术

在 Linux 等操作系统运行的硬件平台上，通常会有 MMU 进行虚拟内存地址和物理内存地址的映射和转换，使运行在该平台上的 App 只能访问自己的虚拟地址，无法访问真实的物理地址，然而这种方式也不是完美的，仍有许多攻击方式可以利用应用的内核空间进行非法访问，篡改其他进程的内存数据。

3．轻量级密码技术

密码技术是安全的基础。轻量级密码技术适应于资源受限的设备，且能提供足够的安全性，并具有良好的实现效率。轻量级密码的设计通常采用两种方式：一是对现有密码算法进行轻量化改进；二是从安全、成本、效率三个角度设计全新的轻量级密码算法。但后者需要经过大量的安全性分析。典型的轻量级密码有分组密码（如 DESL、HIGHT、PRESENT、MIBS）和流密码（如 WG-7、Grain、A2U2）。

4．认证技术

认证技术包括身份认证和消息认证两个方面。身份认证是确认操作者身份的过程，保证操作者的身份是合法的。消息认证是用来验证消息的完整性，一方面验证信息的发送者不是冒充的，另一方面验证信息在传输过程中未被篡改、重放或延迟。物联网认证技术包括基于轻量级公钥的认证技术、预共享密钥的认证技术、随机密钥预分布的认证技术、利用辅助信息的认证技术、基于单项散列函数的认证技术以及生物认证技术等。

5．访问控制技术

访问控制是按用户身份及其所归属的某项定义组来限制用户对某些信息项的访问，或限制对某些控制功能的使用的一种技术。常见的访问控制技术有自主访问控制

（discretionary access control，DAC）、强制访问控制（mandatory access control，MAC）、基于角色的访问控制（role based access control，RBAC）、基于属性访问控制（attribute based access control，ABAC）、基于任务访问控制（task based access control，TBAC）和基于对象访问控制（object based access control，OBAC）等。

6. 隐私保护技术

物联网收集的数据中涉及人们日常生活中的隐私信息。如人们在使用基于地理位置服务的应用时会包含位置信息，在使用智能手环时会包含身体健康状况数据，在使用应用的查询功能时会包含查询信息。这些位置信息、健康状况、查询信息都涉及人们的隐私信息。目前隐私保护的方法主要有位置伪装、时空匿名、数据加密、数据失真等。

7. 入侵检测技术

入侵检测技术是通过对网络中收集的若干关键点信息进行分析，从中发现违反安全策略的行为或被攻击的迹象的一种安全技术。入侵检测可分为误用检测和异常检测。误用检测方法主要有模式匹配、专家系统和状态转换分析。异常检测方法主要有统计分析法、神经网络法、生物免疫法、机器学习法等。

8. 病毒检测技术

传统的病毒检测技术是通过基于病毒特征库匹配手段判定出特定病毒的一种技术。常用的匹配手段有病毒关键字、病毒程序段内容、病毒特征等。但这种技术的缺点是无法检测病毒特征库以外的病毒。针对这一缺陷，研究人员已提出了启发式检测技术、人工免疫技术等智能型病毒检测技术。

9. 安全路由技术

传感器节点的电量供应、计算能力、存储容量都十分有限，且通常都部署在无人值守、条件较为恶劣的区域，因此极易受到各类攻击。无线传感网常受到的攻击主要有虚拟路由信息攻击、选择性转发攻击、污水池攻击、女巫攻击、虫洞攻击、Hello 洪泛攻击、确认攻击等。目前研究人员已提出了一些较为有效的安全路由算法，如 TRANS、INSENS、SEIF 等。

除以上技术之外，还有像密钥管理、容侵容错、安全管控、叛逆追踪等技术来解决物联网安全问题。

知识拓展：更多物联网安全威胁和物联网关键技术，请扫描二维码。

物联网安全威胁和物联网安全关键技术

6.2 物联网分层安全体系

按照物联网的逻辑层次划分，物联网分层安全体系如图 6-6 所示。不同层次面临各种安全威胁。

图 6-6 物联网分层安全体系

6.2.1 感知层的安全问题与安全机制

感知层是物联网所特有的，其主要任务是负责全面感知外界信息。像 RFID 装置、各类传感器、摄像头等设备都工作在这一层。感知终端设备/网关设备因为需要进行运算，通常具备 MCU 或 CPU，大多数采用了 RTOS、Linux 或 Android 等通用操作系统，但又因技术、成本、硬件性能等多种因素制约使得无法部署安全能力，导致其攻击面相对较多，成为物联网端最易受攻击的目标。这些设备大多是资源受限，以分布式的方式部署在动态多变的网络拓扑结构中。感知层的主要安全问题有：

（1）节点俘获。很多感知节点都是静态部署在无人值守的区域，容易被攻击者俘获并获取节点所保存的密钥信息，从而对节点取得控制。

（2）仿冒。攻击者通过仿冒合法设备接入物联网，可能对整个系统进行渗透以寻求更具价值的目标。例如，通过有线局域网组网的场景，攻击者往往可以使用 PC 轻易仿冒成合法设备接入。

（3）篡改。感知终端设备通常具备一定的运算能力，本地很可能会存在敏感、重要的业务数据。加之感知终端设备通常使用了通用操作系统，攻击者很可能通过系统或应用的漏洞获得设备较高的访问权限，进而对设备存储数据、发送的信息进行篡改。

（4）暴力破解。由于感知节点的计算能力和存储资源有限，很容易被攻击者以暴力破解的方式所攻克。

（5）节点克隆。有些感知节点的功能单一，硬件结构简单，容易被攻击者复制。

（6）身份伪造。感知层节点以分布式的方式运行在传感网上，节点种类繁杂，数量众多，给认证机制带来困难。恶意节点利用这一特点使用虚假身份进行攻击或欺骗。

（7）路由攻击。感知节点采集的数据以多跳的形式进行传输，中间可能会经过若干中继节点。数据转发的过程中可能会受到恶意攻击。

(8）拒绝服务。感知节点的处理能力有限，对抗拒绝服务（DOS）攻击的能力比较脆弱。攻击者通过 DoS 攻击目标对象迫使业务中断，例如通过 DoS 迫使某关键基础设施停止服务；但近年来攻击者更多地通过技术手段如僵尸网络，将海量物联网设备武器化，使其成为对特定目标发起 DDoS 的武器。

(9）隐私泄露。感知数据通常会携带有敏感信息，攻击者可以通过被动或主动方式窃取感兴趣的数据。有些重要的智能物联网终端设备其业务可能涉及敏感信息的采集、存储，如果在设计开发时没有对重要数据进行加密存储，或加密算法强度较弱就可能导致设备失陷后造成敏感信息泄露；另外，如果是重要基础设施，攻击者也可能通过侧信道攻击分析芯片运算时电磁辐射变化获取敏感信息，所以感知终端设备在设计时也应当根据业务重要性考虑应用电磁防护手段。

目前采用的物联网安全保护机制主要有：

（1）物理安全机制。常用的 RFID 标签具有价格低、安全性差等特点。这种安全机制主要通过牺牲部分标签的功能来实现安全控制。

（2）认证授权机制。主要用于证实身份的合法性，以及被交换数据的有效性和真实性。主要包括内部节点间的认证授权管理和节点对用户的认证授权管理。在感知层，RFID 标签需要通过认证授权机制实现身份认证。

（3）访问控制机制。保护体现在用户对于节点自身信息的访问控制和对节点所采集数据信息的访问控制，以防止未授权的用户对感知层进行访问。常见的访问控制机制包括强制访问控制、自主访问控制、基于角色的访问控制和基于属性的访问控制。

（4）加密机制和密钥管理。这是所有安全机制的基础，是实现感知信息隐私保护的重要手段之一。密钥管理需要实现密钥的生成、分配以及更新和传播。RFID 标签身份认证机制的成功运行需要加密机制来保证。

（5）安全路由机制。保证当网络受到攻击时，仍能正确地进行路由发现、构建，主要包括数据保密和鉴别机制、数据完整性和新鲜性校验机制、设备和身份鉴别机制以及路由消息广播鉴别机制。

6.2.2 网络层的安全问题

网络层主要用于把感知层收集到的信息安全可靠地传输到处理层。因此网络层主要包括互联网、移动网、卫星网等网络基础设施。信息在传输的过程中可能会经过多个异构网络的交接。网络层的安全问题有：

（1）分布式拒绝服务攻击。攻击者借助多个傀儡节点，将其联合起来以分布式的方式对一个或多个目标发起拒绝服务攻击，从而提高拒绝服务攻击的威力。

（2）中间人攻击。攻击者将自己放置在两个通信实体之间，通常是客户端和服务端通信线路中间，通过这种方式，攻击者可以很容易地发起信息篡改、信息窃取、DNS 欺骗、会话劫持等攻击。

中间人攻击—ARP

(3) 异构网络攻击。物联网中的网络层融合了包括互联网、移动网、卫星网等多种异构网络，这些异构网络的信息交换将成为完全性的脆弱点，特别在网络认证方面存在异步攻击、合谋攻击、身份篡改等。

(4) 路由攻击。网络层节点主要是有线或终端-基站无线传输，与感知层的路由攻击方式有所不同，主要涉及对路径拓扑和转发数据的恶意攻击行为。

6.2.3 应用层的安全问题

应用层是信息到达智能处理平台的处理过程，包括数据的融合、计算、分析等，主要提供基础性功能服务，并结合具体用户需求和业务模型来构建场景应用，是综合的或带有个性特征的具体应用业务。在应用层，攻击者可利用已知的漏洞（如缓冲区溢出、SQL注入、CSRF等）、错误的配置或后门获得更高的权限，破坏应用的安全性。应用层的安全问题有：

(1) 非授权访问。在物联网架构中，如果权限配置不合理或恶意攻击者入侵系统，可造成攻击者未经授权可访问相关服务。

(2) 数据攻击。数据层面攻击者对服务可进行重放服务请求、修改请求部分数据、字典攻击等。

(3) 会话攻击。会话是一次带状态的服务访问。攻击者可劫持或重放会话，非法获得访问权限。

(4) 仿冒。攻击者可能通过逆向应用与后台系统的接口通信，并通过专用工具仿冒合法身份，实现与系统的交互，达成攻击目的。

(5) 篡改。攻击者可能通过应用自身或接口漏洞实现数据的非法篡改，如通过SQL注入等手段篡改管理员密码而获取管理员权限。

(6) 抵赖。攻击者可能通过漏洞使得自己的恶意操作无法被正确记录，从而导致攻击行为难以被发现或溯源。

(7) 隐私泄露。攻击者可利用已知的漏洞获得用户的敏感数据（如账号、密码、位置、身份），或根据用户的历史数据、社交数据和查询数据分析获得用户感兴趣的内容。

(8) 恶意代码。攻击者利用已知漏洞，上传恶意代码，造成用户的软件被病毒感染。

(9) DoS。攻击者可能对应用接口进行针对性拒绝服务攻击，或通过技术手段破坏应用接口配置，以使得应用后台服务无法正常工作。

(10) 提权。攻击者可能通过接口或服务漏洞实现超出授予权限的访问，如通过应用接口远程执行漏洞获取后台系统权限。

(11) 社会工程。社会工程攻击主要是指攻击者利用人类的弱点或公司制度的漏洞而获得对于资源的非法访问。攻击者通过社会工程，可分析或获得用户的额外信息，进而发起其他攻击。物联网应用的社交性、地域局限性使得此类攻击更难防范。

物联网应用层安全—
CSRF位置

6.3 物联网面临的其他安全风险

6.3.1 云计算面临的安全风险

云计算概念自提出以来一直面临着不少严峻的安全问题。如何构建安全的云计算环境成为当前计算机学科研究的热点问题之一。云计算面临的安全风险主要体现在以下几个方面：

（1）身份安全。云计算平台是一个共享的平台，因此对使用者身份合法性的确认是保证云安全的首要任务。如果非法用户侵入云平台，可以利用各种攻击手段获取敏感信息，掌握内容资源。

（2）数据安全。云计算要处理海量数据，海量数据的处理要经过数据的通信、管理和保存过程。在上述过程中可能会出现数据丢失、任意截获、随意修改等安全问题。另外，云计算缺乏对数据内容的鉴别机制，缺少数据的检查和校验环节，这就会使得无效数据或伪造数据混入其中。因此，保证云数据的安全性和保密性十分重要。

（3）虚拟机安全。虚拟化技术是云计算得以实现的关键技术。云计算环境的部署过程中，往往会伴随着虚拟机的动态创建和迁移过程。这就要求虚拟机的安全措施也必须随之自动的创建和迁移。否则容易导致接入和管理虚拟机的密钥被盗取、提供的服务受到攻击。

（4）网络安全。云计算的数据传输是离不开网络的。在传输过程中数据完整性和私密性受到很大的威胁。传统网络面临的安全问题在云计算环境中都存在，甚至威胁更严重。

（5）服务安全。云计算可针对不同的用户需求提供不同的云端服务，如SaaS、PaaS、IaaS等。云平台的建设、维护需要投入大量的人力、物力和财力资源。云服务提供商一旦破产，云平台上的数据可能会面临着丢失，这对使用云服务的用户来说将是一场灾难。如何为用户提供一个持久安全的服务是云计算面临的又一个安全问题。

6.3.2 WLAN面临的安全风险

无线局域网（wireless local area network，WLAN）由于传输介质的开放性，因此与有线网络相比，其脆弱性更为严重，面临的安全风险和安全问题也更大。WLAN面临的安全风险主要有：

（1）非法接入。对于企业来说，攻击者们一旦接入到企业内部网络，企业的信息资产将受到巨大的威胁；而对于个人而言，非法用户的接入可以实现"蹭网"的目的，来逃避通信费用。

（2）AP伪装。攻击者使用假冒的网络接入设备诱导合法用户访问，进而获取用户的账号、口令等敏感信息。

（3）数据篡改。在无线网络中，攻击者可通过伪造用户请求、伪造管控报文、伪造业务数据等方式对受害者进行欺骗。

（4）报文重放。攻击者记录下网络上发送的报文，然后将该报文重放出去。如攻击者重放用户认证报文来假冒合法用户获取系统的访问权限。

（5）拒绝服务。在无线网络中，由于介质的开放性，攻击者很容易对网络发起洪泛攻击，向系统发出请求，耗尽系统资源，造成服务瘫痪。

6.3.3 IPv6面临的安全风险

IPv6被称为下一代互联网协议，引入IPv6的一个重要的原因是它解决了IP地址匮乏的问题。下一代互联网的开放式接口增多，网络应用的规模和速度也大幅提高。对应的安全性风险也随之增大。IPv6协议中由于引入了许多新的协议，新协议的特征可能会被攻击利用，完成对网络系统的攻击。在网络管理方面，PKI管理在IPv6中是一个悬而未决的问题。另外，像IPv4向IPv6过渡技术、IPv6组播技术、移动IPv6技术仍然存在很多新的安全挑战。

6.3.4 无线传感器网络面临的安全风险

在无线传感网中，大多数传感器节点在部署前，网络拓扑是无法预知的。部署后，整个网络拓扑、传感器节点在网络中的角色也是经常变化的，与传统的有线网和无线网对网络设备事先进行完全配置不同，无线传感网中，对传感器节点进行预配置的范围是有限的，很多网络参数、密钥等都是传感器节点在部署后进行协商形成的。因此，无线传感器网络容易遭受传感器节点的物理操纵、传感信息的窃听、拒绝服务攻击、私有信息的泄露等多种威胁和攻击。

6.3.5 基于RFID的物联网应用安全

RFID技术是物联网应用中一个比较重要的通信技术。主要利用微波、低频、高频和超高频的无线电波信号实现通信。RFID系统主要包括电子标签、读写器和支持软件。基于RFID的物联网应用存在电子标签可能被窃取、信息篡改、伪装或克隆；电子标签被恶意扫描、追踪；通信网络被阻塞、破坏、干扰、窃听、拒绝服务等安全威胁；在应用层可能存在数据被窃取、被恶意访问、被非法使用等多种安全风险。

6.4 物联网安全认知实践

1. 实践目的

本次实践的主要目的是：

（1）了解物联网安全分层架构。

（2）了解物联网安全关键技术。

（3）了解物联网体系结构不同层次中的安全问题。

2. 实践的参考地点及形式

本次实践可以在具备物联网实训平台、实验箱等感知设备的实训室中实施，不具备实物参观条件的可以通过Internet搜索引擎查询的方式进行。

3. 实践内容

实践内容包括以下几个要求：

（1）实物观察物联网应用系统，找出不同设备所对应物联网安全层次，并指出可能存在的安全问题。

（2）利用Internet搜索不同安全问题或攻击引发的原因、造成的危害、解决的方法。

（3）通过查询了解物联网关键技术的概念、原理、解决的问题。尝试针对（1）中可能的安全问题，选取合理的安全技术。

（4）利用RFID技术来设想一个与之相关的物联网应用，说说在应用系统的安全性方面采取了哪些保障措施。

4. 实践总结

根据实践内容要求，完成实践总结，总结中需要体现实践内容中的四个要求。

习 题

一、选择题

1. 下列（   ）不是物联网的逻辑结构。
   A. 感知层　　　　B. 物理层　　　　C. 网络层　　　　D. 处理层

2. 下列（   ）不是隐私保护的方法。
   A. 位置伪装　　　B. 时空匿名　　　C. 数据加密　　　D. 漏洞扫描

3. 下列（   ）不是病毒检测技术中常用的匹配手段。
   A. 病毒关键字　　　　　　　　　　B. 病毒程序段内容
   C. 病毒特征　　　　　　　　　　　D. 病毒免疫力

4. 智能手环不可能会泄露的隐私信息是（   ）。
   A. 位置　　　　　B. 心率　　　　　C. 体重　　　　　D. 收入

二、填空题

1. 物联网安全的特殊性体现在_____、_____、_____、_____四个方面。

2. 目前物联网应用的典型系统架构是_____架构。

3. 认证技术包括_____和_____两个方面。

4. 入侵检测技术中，异常检测方法主要有_____、_____、_____、_____等。

三、判断题

1. 轻量级密码的设计通常采用两种方式，一是对现有密码算法进行轻量化改进；二是从安全、成本、效率三个角度设计全新的轻量级密码算法。（   ）

2. 入侵检测可分为误用检测和误差检测。（   ）

3. 传统的病毒检测技术是通过基于病毒特征库匹配手段判定出特定病毒的一种技术。（   ）

4. 基于RFID的物联网应用存在电子标签可能被窃取、信息篡改、伪装或克隆。（   ）

5. 云计算环境的部署过程中，往往会伴随着虚拟机的动态创建和迁移过程。虚拟机的安全措施可以不用随之自动的创建和迁移。（   ）

四、简答题

1. 简述物联网安全的关键技术。
2. 简述物联网中的隐私泄露问题。
3. 简述物联网网络层的主要安全问题。

第 7 章 物联网典型应用案例

在前面的六章中,我们了解了物联网的基本概念以及物联网的发展过程,也对物联网的体系结构有了一个总体的认识,并对物联网感知层、网络层以及应用层的关键技术进行了初步的学习。在这一章中,我们介绍在物联网中的几个典型应用案例,了解该应用案例的主要应用背景,系统的主要构成,以及该应用系统的简单搭建流程。

学习目标

知识目标

(1) 了解智能家居系统及相关技术和设备;(2) 了解智慧养殖系统及相关技术和设备;(3) 了解智慧消防系统及相关技术和设备。

能力目标

(1) 能说出智能家居、智慧养殖、智慧消防应用中的主要物联网设备及其作用;(2) 掌握智能家居、智慧养殖、智慧消防应用系统的简单搭建。

素质目标

(1) 具备工匠精神;(2) 具备团队合作意识;(3) 具备创新创业的意识。

7.1 智能家居应用案例

7.1.1 智能家居应用系统概述

智能家居是基于物联网技术,由硬件和软件系统、云计算平台构成的一个家庭生态圈,实现人远程控制设备、设备间互联互通、设备自我学习等功能,通过收集、分析用户行为数据,为用户提供个性化的生活服务,提升家居安全性、便利性、舒适性、艺术性,使家居生活更加安全、舒适、便捷,并实现环保节能的居住环境。其特征是以提升家居的生活质量为目的,以设备互操作为条件,以家庭网络为基础。

在实际应用中，人们把智能家居系统的设备根据功能不同，划分为智能中控、电器影音、安防监控、安全监测和环境监控等子系统。通过智能家居系统提供的场景管理功能，实现不同子系统设备间的互联互通，达到联动控制的目的，智能家居如图 7-1 所示。

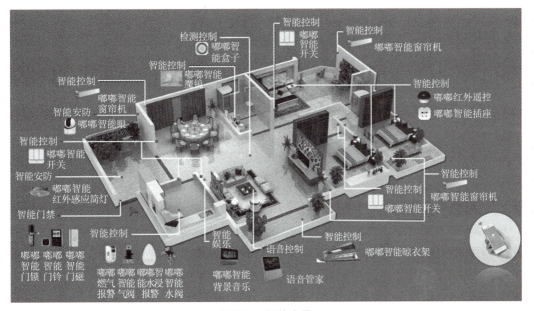

图 7-1 智能家居

7.1.2 智能家居应用系统主要构成

智能家居系统是以住宅为平台，将家庭中的各种设备连接到一起，提供家电控制、照明控制、窗帘控制、电话远程控制、室内外遥控、防盗报警，以及可编程定时控制等多种功能和手段，帮助家庭与外部保持信息交流畅通，优化人们的生活方式，帮助人们有效安排时间，增强家居生活的安全性。根据功能和应用场景的不同，智能家居系统可分为以下五个子系统。

1. 智能中控系统

智能中控系统相当于人的大脑，可以支配和控制家庭中的智能家居终端产品。常见的智能中控系统产品有智能网关、智能语音面板、智能开关等，如图 7-2 所示。

（1）智能网关。智能网关是家居智能化的心脏，通过它实现系统信息的采集、信息输入、信息输出、集中控制、远程控制、联动控制等功能。

（2）智能语音面板。智能语音是一种独特的人机交互方式，可以成为智能家居的总指挥。它可以是家庭消费者用语音进行上网的一个工具，比如点播歌曲、上网购物，或是了解天气预报，也可以对智能家居设备进行控制，比如打开窗帘、设置冰箱温度、提前让热水器升温等。

（3）智能开关。普通开关属于手动、机械和本地操作，费力，不方便。而智能开关具有触摸控制、感应控制、集中控制、定时控制、远程控制、场景控制和夜光等功能。

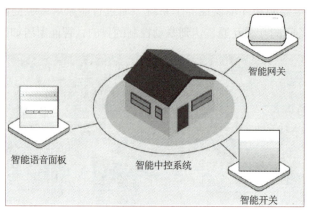

图 7-2 智能中控系统

2. 电器影音系统

当人们在观看精彩视频大片、欣赏美妙音乐的时候，希望智能家居系统能简化人们的操作，了解并记忆用户的爱好和需求，一键进入观影模式。这个时候人们需要一些智能设备辅助自动开启电视、音箱等影音设备，同时自动关闭影响娱乐的灯光、电器等设备。常见的电器影音系统设备有红外遥控器、智能插座、智能灯组等，如图 7-3 所示。

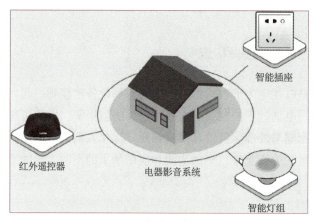

图 7-3 电器影音系统

（1）红外遥控器。使用红外遥控器可以对家里的电视机、家庭影院功放等影音设备进行集中、远程或联动控制。当人们想在家里来一场听觉与视觉的饕餮大餐时，突然发现家里的电视遥控器、功放遥控器、幕布遥控器，要么找不到，要么没有电，这是一个多么尴尬和影响心情的事情！这个时候，家里如果有个红外遥控器，只需要在手机 App 上轻轻一点，或者通过智能语音设备便可轻松开启这些电器设备。当然，也可以一键开启智能家居系统的电影场景模式，瞬间开启所有的智能影音设备。

（2）智能插座。将电饭煲、热水器、洗衣机等家庭用电设备连接到智能插座上，由于智能插座内置无线通信模块，可以通过安装在移动设备上的智能家居 App 控制智能插座通断电，可以定时开关控制智能插座。

（3）智能灯组。照明是家庭中使用最频繁、场合使用最多的设备。通过对智能灯组的控制，可以实现对灯光亮度和色温的调节。智能照明系统能够给人们提供额外的安全性和内心的宁静。暖光可以使人放松，身体机能更容易恢复；冷光可以使人保持警觉，更容易专注于某个特定的任务。

3. 安防监控系统

入户门和外窗是家庭的第一道防线，守护好入户门和外窗才能守护好家庭财产和家人生命安全。在智能家居系统中，为了监测每次的开门和非法闯入，监视滞留门口的异常人员情况，防范非法人员从外窗强行闯入，我们可以在入户门上安装多功能的智能门锁，在住宅外窗安装门窗磁传感器，在入户门外安装智能摄像头设备。安防监控系统如图7-4所示。

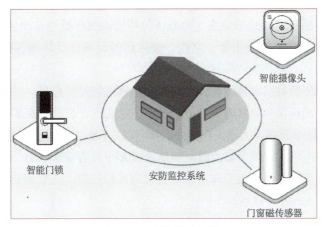

图7-4 安防监控系统

（1）智能门锁。在入户门安装智能门锁，可以实现机械钥匙、指纹、密码、非接触卡、动态密码和远程控制等多种方式开锁功能。监测门户的安全，有异动进行报警。

（2）智能摄像头。安防设备一般由传感器和摄像头来实现，传感器感应环境的变化，可以通过智能摄像头来进行联动人脸识别、进行报警等行为。

（3）门窗磁传感器。在住宅入户门、窗户或者保险柜，抽屉安装门窗磁传感器，人们只要非法进入或者打开，触发传感器报警，报警信号即刻发送给智能网关，最终报警信息发送到业主手机上。

4. 环境监控系统

智能家居的目标是为用户提供一个舒适高效的生活环境，为了优化人们的生活质量，环境监控系统的重要性就凸显出来了。目前，智能家居环境监控系统主要包括室内温湿度探测、空气质量检测、人体运动监测、室外噪声检测、室内光照控制等。常见的环境监控系统设备有温湿度传感器、PM2.5探测器、电控开窗器、智能窗帘电机、人体运动传感器等，环境监控系统如图7-5所示。

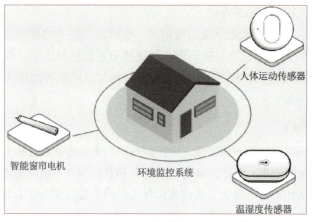

图 7-5　环境监控系统

（1）温湿度传感器。通过温湿度、PM2.5等环境监测传感器监测居住环境的温湿度、PM2.5等信息，并联动空气净化器、空调、排风扇等设备，让环境保持在最适宜居住的状态。

（2）人体运动传感器。人体运动传感器采用热释电红外传感器，感知探测区范围内的人体移动，具有智能联动和异常告警功能。在布防状态下，传感器探测到人体异动，就会通过网关将信息传输至云端，无论人在何处，都可以在App上实时接收告警推送信息。

（3）智能窗帘电机。智能窗帘能随时随地通过APP查看窗帘状态，操作家里的窗帘设备，不管你是在哪里，使用手机操作实现对窗帘的远程控制，任意调节窗帘开关，减少因为忘记拉窗帘而造成的各种麻烦。

5．安全监测系统

安全监测系统是智能家居的基础系统，可以应对燃气泄露、火灾、漏水紧急情况呼叫等情况，实用性非常强。通过漏水探测器、烟雾探测器、天然气报警器、智能阀门机械手、无线紧急按钮等设备，让智慧科技保护家里的每处角落、保护每一个家庭成员的安全。安全监测系统如图7-6所示。

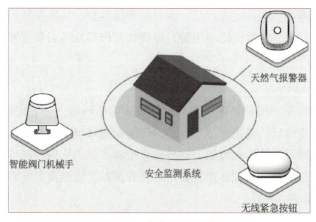

图 7-6　安全监测系统

（1）天然气报警器。天然气报警器用于检测室内天然气泄漏，防止发生中毒，守护家庭安全，具有燃气检测报警、App 远程查看、历史记录查询等功能。检测到可燃气体泄漏后，蜂鸣器鸣笛，本地告警，LED 灯闪烁提醒，智能场景联动关闭燃气阀门、开窗通风等功能。

（2）智能阀门机械手。智能阀门机械手可用于水龙头、燃气等一字型阀门开关，控制管道供水或者气体输出。具有 App 远程控制、AI 语音控制、定时开关控制和智能联动控制等功能。

（3）无线紧急按钮。无线紧急按钮具有报警信息远程推送、紧急呼救和智能场景联动报警等功能。在 App 上开启报警信息推送功能后，按下无线紧急按钮，网关将报警信息传至云端，并向手机发送信息，App 对报警信息进行记录，可以用于保障老人的安全、呵护孩子成长。

7.1.3 智能家居系统的简单搭建及运行

随着越来越多的智能设备走进家庭，一套真正意义上的智能家居产品，需要的是产品自己能够满足多种场景控制的需求，产品与产品之间能够实现多种模式联动，通过产品与产品的搭配来实现各种应用场景。为了能够实现场景自动化控制功能，需要将所有联动的设备安装、配网好，并确保智能设备正常运行。

以智能家居的"睡眠场景"为例，向大家介绍智能家居系统的搭建及运行。在睡眠场景中，所用到的智能家居设备包括智能网关、智能窗帘机和智能灯组等。

- 智能窗帘电机用于控制窗帘的开合。
- 智能灯组用于实现睡眠场景中灯泡的点亮和熄灭。
- 智能插座具有远程控制通断电的功能。
- 智能语音面板可以实现与智能家居设备的语音指令交互。
- 红外遥控器用于控制家庭的影音设备。
- 智能手机用于通过手机上的智享人居 App 来进行智能家居系统的配置和调测。

根据场景所要实现的功能，我们在设置前需要准备好以下软、硬件环境，如图 7-7 所示。

1. 准备工作

在开始场景设置之前，除了准备好以上软硬件之外，我们还需要做好以下准备工作：

（1）供电：给智能网关、智能灯组、智能语音面板、智能插座、红外遥控器、电视机顶盒、12 V 直流电机控制模块和智能窗帘电机接通电源，将 12 V 直流电机控制模块的控制线连接机械手阀门控制器。

（2）网关联网：使用网线将智能网关接入所在测试环境的路由器，保障智能网关可以正常进入 Internet。

图 7-7 硬件清单

（3）移动网络环境要求：待配网的网络一定工作在 2.4 GHzWi-Fi 网络，不支持 5 GHz。

（4）移动网络连接要求：确保手机、智能语音面板可以正常接入所在测试环境的 2.4 GHzHz 频段的 Wi-Fi 网络。确保智能手机语音面板和智能网关在同一个路由器 Wi-Fi 内。

（5）App：登录"智享人居"App 账号。

2. 设备配网

依次将使用到的智能网关、智能灯组、智能语音面板、智能插座、红外遥控器、电视机顶盒、12 V 直流电机控制模块和智能窗帘电机设备添加到 App 中，如图 7-8 所示。

注意，在对多个 ZigBee 设备配网时，不可让两个或者两个以上设备同时进入配网状态，必须一个设备配网结束后（网关"ZigBee 指示灯"由粉色转为红色代表当前设备配网结束），再开始下一个设备的配网操作。

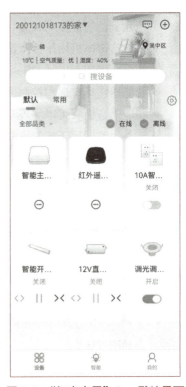

图 7-8 "智享人居"App 默认界面

3. 模式设置

设备配网成功后，继续智能家居"睡觉模式"场景的配置操作，具体操作步骤如下：

（1）进入场景管理页面，执行手动场景设置操作：首先，点击编辑按钮，设置场景名称为"睡觉模式"，为睡觉模式场景选择一个合适的图标和背景图；然后，点击"添加云端"按钮，如图 7-9 所示，进入"联动设置页面"。

图 7-9　添加手动场景

（2）在"联动设置页面"，首先选择"设备动作"类型，然后选择设备"10A智能插座"，设置智能插座的动作类型，点击"确认"按钮，保存本设置内容。同样方法，设置设备"12 V直流电机控制模块""调光调色灯具""智能开合窗帘电机"的场景动作类型，设置完点击"确认"按钮，保存设置内容，如图 7-10 所示。

（3）以上四个设备联动类型设置完毕后，点击页面下方的"确定"按钮，保存本次联动设置的内容，如图 7-11 所示。系统自动返回到场景管理页面。

（4）场景设置完毕，"睡觉模式"场景显示在"场景管理"页面。点按"手指"图标可以执行该场景，如图 7-12 所示。

图 7-10　设置设备动作类型

图 7-10 设置设备动作类型（续）

图 7-11 设备动作

图 7-12 场景管理

4. 场景测试

使用手机 App 和智能语音面板测试已经添加成功的"睡觉模式"场景，执行场景操作，并观察每个场景动作执行的结果。

（1）准备工作。为了明确看到一键或者一条语音指令关闭电器的场景控制效果，首先在 App 上打开智能灯组、智能插座、窗帘电机、智能阀门机械手和华为电视机顶盒设备，如图 7-13 所示。

（2）测试智能语音面板语音控制功能。对着智能语音面板说"小雁，小雁"，唤醒语音面板。听到语音面板回应后，对着语音面板继续说"打开睡觉模式"，观察设备状态变化是否与预设场景一致。

（3）测试 App 一键控制功能。按照第（1）步"准备工作"内容，把所有设备重新打开。

在 App 上执行手动场景"睡觉模式"，观察智能插座、智能阀门机械手、智能灯组和开合窗帘电机是否一键关闭。

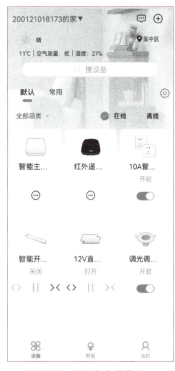

图 7-13 "智享人居"App

7.2 智慧养殖应用案例

7.2.1 智慧养殖应用系统概述

近年来，我国水产养殖发展迅速，养殖产业连续二十几年稳居世界第一，为我国城乡居民提供了优质动物蛋白，对保障国家食物安全发挥着重要作用。但是目前水产养殖产业主要还是以散户水产养殖为主，存在着发展方式粗放、设施设备落后、水域环境污染、疫病风险频发等情况，因此，我国相关政府部门也出台了一系列推进水产养殖产业的政策文件，提出因地制宜推广水产先进适用技术，促进物联网、大数据等信息技术与渔业生产融合发展，提升渔业智能化装备水平的渔业生态高质量发展要求。主要目的是通过引入物联网、大数据等技术，与水下机器人相结合，实现水质的监测、增氧泵的智能控制、水质环境的改善优化、水域垃圾清理等方面的智能、生态地方特色的水产养殖。

基于物联网技术的智慧养殖应用系统将主要解决以下传统水产养殖中的主要问题：

（1）生产经营管理。由原先靠天吃饭的粗放式养殖管理模式转变为"数字化监测、智慧化决策、自动化控制、精准化管理"，促进生产方式转变。

（2）生产环境监测。水质信息、气象信息、养殖设备运行状况监测，预测预警，自动控制。

（3）生产过程精准管理。水质调控、精准饲喂、疫病防控、快速诊断。

（4）生产日常管理。渔场巡视、养殖日志记录、物料管理和成本预算。

7.2.2 智慧养殖应用系统主要构成

智慧水产养殖应用系统也分为感知层、网络层和应用层，其基本架构如图7-14所示。

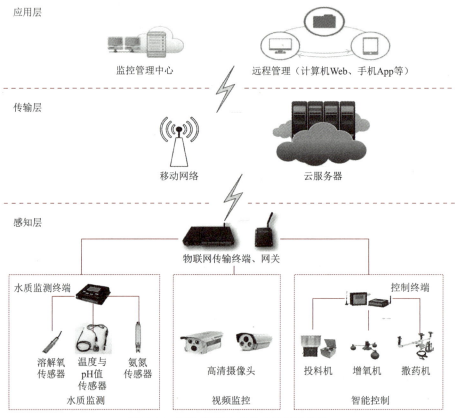

图7-14 面向智慧水产养殖的基本架构

1. 感知层构成

感知层主要通过无线传感网和RFID技术手段实现对智慧水产养殖各个应用环节相关数据的采集。感知层是物联网实现"物物相连，人物互动"的基础，可分为感知控制子层和通信延伸子层。其中，感知控制子层可实现数据的采集和自动智能控制；通信延伸子层通过物联网传输终端、无线网关等模块将数据延伸至网络，将其连接传输层。

具体来讲，感知控制子层主要通过各类水质传感器采集鱼塘中养殖水的参数信息，利用高清摄像头采集视频信息，基于嵌入式系统的智能控制器进行智能控制。通信延伸子网通过网关等设备，将智慧水产养殖中水质参数、监控视频、智能控制参数等传送至网络。

2. 网络层构成

网络层以光纤网、移动网络为主,将从感知层设备采集的数据进行数据转发,负责智慧水产养殖物联网专用网络与移动网络或者万维网的接入,主要实现信息的传递、路由和控制。

具体来讲,在智慧水产养殖应用中,传输层利用无线移动网络或者万维网将感知层中获取的各传感器数据、视频数据、控制终端数据等参数传送至云服务器,为最终的应用层提供数据。

3. 应用层构成

应用层主要由应用基础设施和相关应用程序两大部分组成。其中,应用基础设施为物联网应用提供信息处理、计算等通用的基础服务设施、能力及资源调用的接口等,一般包括本地服务器和各种数据监控平台;相关应用程序主要是面向相关应用程序中水质参数的读取及智能设备的控制。

7.2.3 智慧养殖应用系统的简单搭建及运行

1. 水产养殖环境监测搭建

水产对溶解氧含量极为敏感,这也是重点监测该参数的原因,大部分鱼类对溶解氧含量的适宜范围为5～8 mg/L,小于1.8 mg/L左右便开始浮头,大于13 mg/L左右时鱼类容易得气泡病。晚上八点至次日早上八点受到气压降低等影响,溶解氧比较低,下午两点左右由于受到藻类光合作用的影响达到峰值。大部分水产类最适宜在中性或微碱性水中生长,在pH值为6～9时属于安全范围,当pH值小于6时鱼类容易患各种鱼病,偏酸性水也易导致藻类繁殖,对鲈鱼产生危害,当pH值大于9时,鱼鳃受到腐蚀,出现不正常的血丝,保持pH值稳定至关重要。氨氮含量过高会导致慢性中毒或者急性中毒,慢性中毒危害为:鱼类摄食量降低,生长缓慢,组织损伤,降低氧在鱼体组织间的输送。急性中毒危害为:鱼类表现亢奋,在水中丧失平衡,抽搐,中毒严重的会造成死亡。所以水质环境的监测对水产养殖的生产安全、产量、经济效益起着至关重要的作用。

如图7-15所示,水产养殖环境监测系统主要由传感器、监测终端等组成。水温检测采用温度传感器DS18B20,温度传感器选择DS18B20的原因在于它独特的单总线接口方式。DS18B20在与微处理器连接时仅需要一条口线即可实现微处理器与DS18B20的双向通信。大大提高了系统的抗干扰性。测试范围可高达-55℃～125℃,精度为±0.5℃,并且使用时不需要任何外围元件。pH检测模块选用了量程为0～14、低功耗、稳定时间短、可串口输出酸碱度的采集模块。该模块由pH电极和数据处理模块组成,使用前可通过串口调试助手发送相关AT指令与标准pH试剂配合进行模块数据校准,可与监测终端进行串口通信。溶解氧检测模块由原电池溶解氧电极和溶解氧变送器模块组成。电池溶解氧电极检测原理是氧在银阴极上被还原为氢氧根离子,并同时向外电路获得电子;铅阳极被氢氧化钾溶液腐蚀,生成铅酸氢钾,同时向外电路输出电子。接通外电路之后,便有信号电流通过,其值与溶氧浓度成正比。以此测定溶液中氧气的含量和变化。由于电流信号的变化量比较微弱，因此采用需要连接溶解氧变送器模块，该模块输出为0～5 V，可通过监测终端进行模数转换后测得数据。同样氨氮传感器和气象参数传感器也可通过有线方式与监测终端连接。

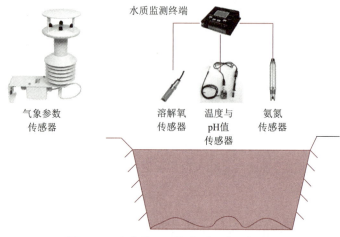

图7-15 水产养殖环境监测系统设备构成

监测终端中的4G-DTU无线传输模块主要负责单片机处理后的数据无线传输至远程的"透传云"服务器。该模块是一种物联网无线数据传输终端设备，提供了RS-485、TTL等通信接口，内嵌TCP/IP协议，实现机器与机器之间的透明传输，支持各运营商的4G网络，提高了水质数据传输的高效性和组网的灵活性。本模块可以发送心跳包与服务器保持连接，保证水质数据监测的稳定性和完整性。

水质监测系统软件功能主要分为系统管理、数据查询、实时显示、数据下载、阈值设置五个模块。软件系统功能模块如图7-16所示。

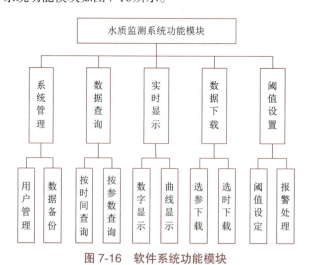

图7-16 软件系统功能模块

系统管理主要包括用户管理和数据备份管理。数据查询主要可实现按时间查询或按参数查询，可以柱状图或曲线图呈现直观走势。数据下载包括选参下载或选时下载，形成

Excel 数据表格。实时显示包括实时数字显示和实时曲线显示。阈值设置包括阈值设定和报警处理。

2. 水产养殖监控系统搭建

水产养殖监控系统主要由多个高清摄像头和网络传输终端组成，可以在养殖区域内实现现场的实时监控、照片抓拍、视频存储回放等功能。该系统可对养殖区域进行24小时全天候监控，保障了水产养殖现场生产环境的安全。该系统数据也可通过网络层接入到应用层，提高了养殖管理人员工作的效率和生产科学化管理水平。

3. 水产养殖智慧联动系统搭建

在水产养殖的过程中，增氧机、投料机、循环泵和撒药机是维持水产正常生长的必备设备，该系统采用的是叶轮式增氧机，投料机为全自动喷射式的，循环泵和撒药机采用的也是市面常见的产品。水产养殖智慧联动系统的主要目的是通过本地控制箱远程控制，根据感知层获取参数自动控制相关动力设备。其系统的主要框图如图7-17所示。

该系统可以通过PLC控制相应的动力设备，通过RS-485转串口模块与无线控制终端模块相连，实现远程控制的目的。该系统主要特点有：第一，可实现本地控制或者远程手机App控制和PC端控制，可智能控制增氧机的开关、投料机定时定量的开启关闭，以及撒药机等机械设备的智能运行；第二，联动控制，根据传感器采集到的水质情况联动控制增氧机、撒药机等机械设备。

通过水产养殖智慧联动系统的建设可有效降低人力成本和提高养殖效率，减少养殖风险。

图 7-17 水产养殖智慧联动系统

4. 水产养殖云平台运行及智慧管理

水产养殖云平台智慧管理系统考虑到系统相关需求，可采用以下设计原则进行云平台的建设：

（1）易用性原则。易用性是指系统使用的方便程度。由于平台面向的使用者比较多，可能涉及渔业主管部门、养殖户、技术人员等，由于使用者的行业知识水平、对农业物联网系统的了解程度都大不相同，这就要求系统界面需要尽量简洁易懂，使系统使用者能够在短期内接受、了解、熟知并应用农业物联网应用系统。

（2）经济实用性原则。系统使用的经济实用性是指系统使用成本经济，并且在使用功能上能够满足实际工作要求。确保系统在满足用户业务要求的同时，以简单、方便、快捷、经济实用为目标，面向具体的工作应用需求。在系统使用技术上，使用成熟、经济的技术，而不是单纯考虑技术的先进性；在系统数据显示深度上，根据实际需要确定，而不是越深越好，应该注重实用性。

（3）稳定性原则。系统稳定性是指系统保持正常运行的能力。系统一旦建立，将嵌入到日常渔业生产活动中。一旦系统出现不稳定的情况，将会对渔业生产管理活动造成很大的影响。因此系统配置的各类硬件设备必须安全、稳定、可靠。系统应该采用容错性设计，使得系统局部出现问题不会影响到整个系统的使用。

（4）安全性原则。系统安全性是指保护系统内重要机密信息不泄露，防御外部恶意攻击的能力。此系统设计时需要考虑使用多重的安全体系，对于数据的安全和保密应该进行相应的处理，提高系统对于恶意攻击的防护能力，并保证与其他应用系统或异构系统间数据传输的安全可靠和一致性，确保不会有非授权操作和意外的非正常的操作，保证系统数据的安全完整。

（5）可扩展升级原则。可扩展升级是指系统在使用过程中随着实际的需要进行进一步功能扩展或升级的能力。一是随着系统覆盖面的扩大，参与企业数量增加，系统在信息存储计算能力上扩展升级；二是随着农业物联网技术要求的发展，此工程可能会承担更多的管理功能，因此在系统功能上需要进一步扩展。数据量的增加和服务功能的扩展，都需要硬件和系统软件的升级或增加，为了保证用户的原有系统平台在系统升级过程中能够平滑过渡，就要求系统在最初设计时就考虑系统软硬件的可扩展性。

通过各种参数的获取和分析可以建设智慧水产养殖云平台。该平台的主要功能包括档案管理、养殖记录、水质情况、检验检疫、特色功能等模块，如图7-18所示，使得整个养殖过程可追溯，智慧科学养殖。

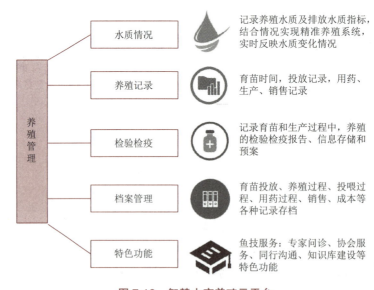

图 7-18 智慧水产养殖云平台

通过云平台的建设，水产养殖智慧化管理可依据水产品在各养殖阶段的长度和重量关系，以及养殖环境因素与饲料养分的吸收能力、摄取量的关系建立数据库，进行细致分析，合理饲养。采集数据可保存，随时查看历史数据，并可用于分析，为用户的水产养殖总结经验，指导管理。

7.3 智慧消防应用案例

7.3.1 智慧消防应用系统概述

1. 智慧消防的基本架构

智慧消防是在传统的消防设施管理维护的基础上，通过智能化改造，增加物联网传输、信息系统管理、数据存储分析等流程，加以人工智能处理，整体技术与管理思维的改革而产生的新业态。

2. 智慧消防四大系统

实现消防设施运行及监管的现代化必须构建有效的智慧消防体系，采用消防自动报警系统已有的各种感知设备、视频采集设备等，将感知采集到的大量现场信息借助消防物联网传输到消防指挥中心，将过去封闭、功能单一的火灾报警系统改造为网格化、智能化的跨区域火灾报警综合管理平台。

面向智慧消防应用的物联网也分为感知层、通信层、IoT平台和应用服务层，其基本架构如图7-19所示。

图 7-19　智慧消防的基本架构

1）感知层

感知层是通过感知识别技术自动采集消防系统中各类数据信息，是综合安全物联网区别于其他网络最独特的地方。如图7-20所示，感知层综合运用RFID无线射频技术，以及无线传感技术例如感温、感烟、用电参数监测等技术，获取消防基础大数据，实现消防工作中的基础感知，如消防栓被碰撞损坏、灭火器到期需要更换等事件的及时发现都能可以利用物联网传感技术实现。

它处于逻辑架构的底层，用于部署基础硬件设施，包括传感器、低功耗器件、电源、信号处理等。消防火灾报警系统通过设备的数据接口采集数据，通过无线或有线的方式与数据中心进行数据交互，实时提取控制器发出的探测器报警、设备故障、设备动作、屏蔽等状态信息。对于消防水系统，可以安装各类压力、水位、电流、电压、温湿度传感器对重点设备的运行参数进行监控。

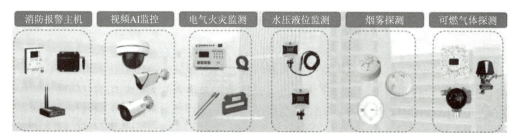

图7-20　感知层设备

2）通信层

通信层负责数据流的传输控制。通信层将感知层获取到的信息传递到IoT平台，作为物联网重要的基础设施，通信层包括所有无线和有线、长/短距离通信系统。通信层解决的是感知层获取数据的传递问题，这些数据可以通过移动通信网、TCP/IP专用网络或公共宽带网络、公用电话网等多种方式单独或混合组网。

移动通信技术的发展大大促进了物联网技术在各个行业的应用，在消防工作中表现较为明显的要属用电监测，在用电过程中出现的温度升高、漏电、电流、电压等参数的变化通过信息技术能够实时获取。

3）IoT平台层

IoT平台层对物联数据进行数据存储以及加工并提供接口进行数据推送。它处理传输层传递的数据信息，并对外部用户提供应用服务，再结合大数据、云计算等新技术后，为用户提供更加高效便捷的服务。IoT平台层还提供监控管理、设备检测、接警处理等界面功能，如图7-21所示。

4）应用服务层

应用服务层可实现设备监控、报警监控等应用。应用服务层作为物联网技术与消防行业专业技术的深度融合，结合行业需求实现消防行业的智能化。物联网应用服务层利用分析处理后的感知数据为用户提供丰富的特定服务。

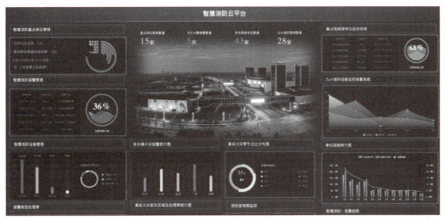

图 7-21　智慧消防云平台图

应用服务层将获取到的消防基础感知大数据进行处理并实现具体的应用，如图 7-22 所示，例如对于消防水系统的监测管理、视频监控的分析，以及消防警情信息等消防数据的汇总、分析、研判、应用，为消防工作提供信息化支撑。

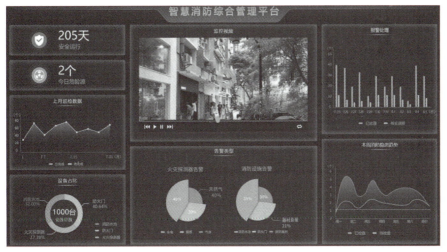

图 7-22　智慧消防管理平台图

3. 智慧消防平台的功能与管理

智慧消防平台是针对消防线上管理而建立的系统，主要具有以下功能：

（1）实时监测：智慧消防管理平台通过接入各类火灾传感器采集到的数据进行分析处理后上传至云服务器。同时通过手机 App 或微信公众号实现远程实时查看各区域火情信息及历史记录的功能。

（2）自动报警：当发生火警时，智慧消防管理平台将自动发出报警信号并通过移动端或微信客户端及时通知相关人员进行处理；同时根据现场情况可联动打开水阀出水灭火或者启动排风机送风灭火；并可在第一时间将现场图像传输到指挥中心以便快速处置灾情。

（3）联动控制：当发现火警后，可通过移动终端或计算机直接控制相应的设备开关以扑灭初期火灾并防止复燃；并可联动开启室内消火栓泵，供水给被困人员逃生使用；也可直接启动排烟风机送新鲜空气进入房间以稀释有毒有害气体等，以达到最佳扑救效果和降低生命和财产损失。

（4）辅助决策：通过与城市应急广播系统的对接可实现紧急广播功能，在发生紧急情况时可播放相应语音提示来引导群众疏散逃生及开展应急救援工作。

（5）统计分析：通过对各类数据的分析处理可生成统计报表供管理人员参考查询及作为考核依据之一。

（6）设备管理：对消防管理设备进行全程监控，通过系统可随时查看设备的状态、设备采集的各项数据、设备的报警情况等参数。

（7）水系统管理：对消防栓、消防水池、消防水箱等水位、水压进行在线监测，除了监测监控设备的在线状态，还监控这些设备采集的数据是否达标，如果监测到水压、液态异常时，平台通过弹窗、电话呼叫、短信、App消息的方式给保安、管理人员推送报警信息。

（8）巡检管理：系统自动定期生成巡检任务并下达给相关的工作人员，在巡检任务工单中包括巡检的设备、巡检的时间、巡检项目及条款要求等，工作人员只需按照系统的提示进行巡检之后将结果上传，系统会根据上传的结果和标准数据相匹配，如果出现设备异常会进行报警提醒。

（9）消防记录管理：系统建立一张图的管理方式，可随时查看区域内的消防安全管理情况，包括报警记录、采集的数据、故障代办事项等，做到对现场情况的全面掌控。

4. 智慧消防平台的管理

智慧消防管理系统是运用物联网、云计算、移动互联网等新一代信息技术，通过整合各类信息资源，对火灾自动报警系统进行集中监控和管理的一种智能化系统；它是实现城市防火远程监控、灭火救援指挥和日常监管的智能终端设备；它具有实时监控火警信号、自动定位着火位置并及时发出报警信号等功能。

7.3.2 智慧消防应用系统的简单搭建及运行

智慧消防系统的简单组成可以由温度传感器、火灾显示盘、火灾报警控制器、云平台这四部分组成，如图7-23所示。传感器一般是安装在室内，监控室内的温度参数，温度传感器一般设置的阈值是60℃，当火灾发生时，温度传感器监测到温度超过了设定的阈值，就会触发报警信号，传感器将这条报警信号通过总线传输给火灾显示盘和火灾报警控制器，火灾显示盘一般安装在楼层的管理室，楼层的管理人员看到报警信息后可以及时进行救援。火灾报警控制器一般安装在单位的监控室，单位的安保或管理人员收到该条报警信息后，会根据报警信息的地点进行及时的救援行动。除了本地设备外，火灾报警控制器还能将信息通过用户传收装置发送至云平台，这样，管理人员可以在异地随时接收报警信息，使得消防人员可以及时、有效地做好救援准备，尽最大程度确保人们的生命和财产安全。

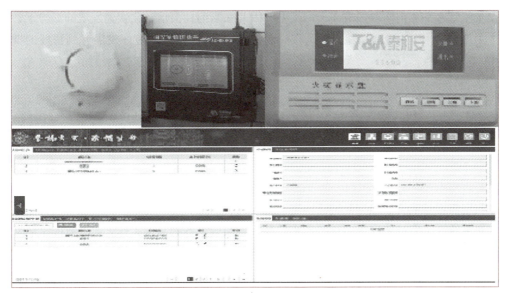

图 7-23　智慧消防系统简单组成

"智慧消防"在消防管理工作中的应用主要包括三个部分。

1. 建立火灾自动化预警系统

智慧消防运用物联网、云平台，实现远程实时监控消防现场，对火灾现场管理以及值班人员的工作情况进行实时了解，同时建立联动系统，将监控与报警系统相连，当出现危险情况时，系统进行自动化报警。同时利用现代化信息技术，实时监控消防设施设备的运行情况，并严格按照设备要求进行监督，全面实现对火灾防控重点对象掌握以及对消防薄弱环节重点监管。

2. 建设大数据平台

智慧消防有助于建立科学合理的消防数据库系统，为消防工作提供海量数据存储和数据交换服务。利用大数据平台有助于管理部门做出更科学的决策，在火情处置的过程中也能够更加精准。大数据平台还能够为城市消防安全管理提供海量的基础数据，便于管理部门及时发现消防监管中存在的不合理行为，有根据的进行改良。

3. 灭火应急救援智能化建设

建立火灾救援应急智能化系统，达到信息的共享和数据资料的有效交换，利用互联网平台进行对接，将消防部门的救援力量与应急力量及社会资源进行科学合理的对接，在接到火灾报警信号之后，将相对应的各方资料调出来，快速制订高效合理的救援方案，实现整个调度救援过程的一体化。

近年来，现代科技信息化的应用越来越广泛，智能消防系统最基本的支撑是互联网、物联网、数据融合、云计算等技术的结合，构建消防监督管理平台，实现预警自动化、救援智能化、管理精细化。

将"智慧消防"与消防监管相结合，全面提高救灾、减灾、防灾的能力，有利于消防安全监管水平和消防救援战斗力的提升。因此在当前社会信息化快速发展的形势下，需加大力度研发和应用智慧消防技术，从而为消防事业的健康、有序发展起到积极的推动作用。

7.4 在PT中搭建智能家居环境

1. 实践目的

利用前面章节所学的物联网感知层、网络层、应用层的关键技术，搭建一个简单的智能家居系统，了解智能家居中相关传感器及智能家居设备的基本工作方式、智能家居网络的搭建以及应用软件部署及运行等。

2. 实践的参考地点及形式

本次实践可以在智能家居实训室完成系统搭建，也可以在相关物联网虚拟仿真平台运行。

3. 实践内容

实践内容包括以下几个要求：

（1）构建智能家居拓扑，要求包括智能家居的各类传感器，如温湿度传感器、光照传感器等，以及家庭网关、智能家居设备、门禁等。

（2）智能家居设备的搭建，包括接口添加、设备连线。

（3）智能家居设备调试，包括设备状态检查、设备的简单调测等。

（4）连接上位机程序，获取智能家居环境状态信息，并控制设备的开关等。

4. 实践总结

根据实践内容要求，完成实践总结，总结在智能家居搭建中的成功或失败经验。

实验演示参考，请扫二维码看微课视频（在PT中搭建智能家居环境）。

在PT中搭建智能家居环境

附录 A 课程概述

A.1 物联网关键技术理论知识体系概述

1. 物联网关键技术理论知识体系

所谓物联网,它是一个将"物"与"物"实现互联互通并可接入到互联网的一个网络,是将人们的物理世界与当前的数字世界拉近的一种网络技术,事物之间、事物与人、人与人之间通过它可以建立一种新的关系,让人们的工作和生活变得更加轻松、更加高效。

麦肯锡咨询公司2021年发布的《物联网:抓住加速机遇》报告也对物联网的前景非常看好,其预计到2030年,全球将创造5.5万亿至12.6万亿美元的经济价值,同时,工厂生产场景将在物联网的潜在经济价值中占比最大,约为26%。另外,车联网与自动驾驶也是物联网增长速度最快的价值集群,其2020至2030年的预期复合年增长率为37%。

物联网可以看作是当前互联网的一个延伸,它让整个世界进入了一个万物互联的时代,人们的身边也将会出现越来越多的物联网元素,随着人工智能、5G通信技术的兴起,物联网技术也进入一个新的发展窗口。5G通信技术高速、稳定的特性将推动物联网在交通、办公、制造、医疗等领域落地,人工智能技术让"物"变得更有"智慧"。物联网将是一场新的技术革命,会极大地改变人们的工作和生活方式,因此,人们需要了解物联网给我们带来的变化,建立新的思维模式。

作为物联网技术的学习者或者是未来物联网应用系统的建设者,我们有必要了解物联网技术在相关职业技术领域中所涉及的主要理论知识体系,主要包括感知与控制设备相关技术、物联网通信技术、物联网云平台技术、物联网应用软件开发技术、物联网安全技术、物联网系统集成及运维技术等,如图 A-1 所示。熟悉其中关键技术的理论知识体系,并能将其应用于物联网典型工作场景中。

2. 物联网技术人才主要面向的职业技术领域

我国物联网产业规模正在快速增长,国内市场对物联网相关产品的需求增长明显。物联网将成为继互联网之后的又一高科技市场,市场前景十分广阔。物联网产业重点领域包括智能交通、智能物流、智能电网、智能医疗、智能工业、智能农业、环境监控与灾害预警、智能家居、公共安全、社会公共事业、金融与服务业、智慧城市、国防与军事等。

学习笔记

视频

课程概述

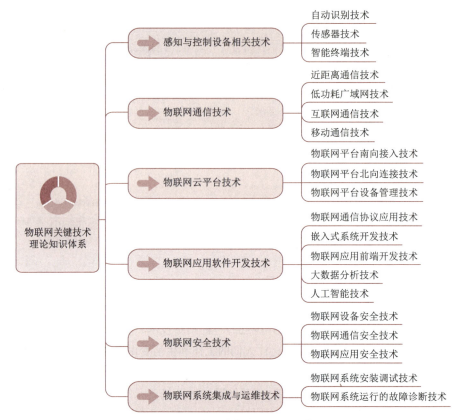

图 A-1 物联网技术的理论知识体系

由此可见，物联网技术对社会各行业的影响也将越来越大，社会对物联网技术的专业人才需求也将越来越旺盛，为了顺应形势的发展，我们国家教育部 2011 年就将"物联网工程"专业作为高等学校战略性新兴产业的本科专业，次年，同意在高职院校中设立"物联网应用技术"专业。这也为我们国家物联网产业的发展提供了强有力的动力来源。

通过近年来各高职院校、企业及政府的市场调研和教学实践，物联网应用技术专业的专业及课程规范已经完成，明确了本专业的培养目标、主干技术及职业技术领域、专业核心能力及就业面向等方面的主要内容，见表 A-1。物联网应用技术人才主要面向三个职业技术应用领域，分别是物联网安装调试、物联网应用软件开发、物联网系统集成与运维。

表 A-1 物联网应用技术专业职业技术领域分析表

培养目标	主干技术、职业应用领域	专业核心能力	就业面向
培养德、智、体、美、劳全面发展，掌握物联网相关的计算机、传感器、RFID 以及物联网终端的基本知识、技能和方法，能胜任物联网系统工程设计与实施、物联网相关设备的安装部署、物联网应用系统的运行与维护及相关企业的产品营销、技术服务与设备运维等工作的高素质技能型专门人才	（1）物联网安装调试；（2）物联网应用软件开发；（3）物联网应用系统集成与运维	（1）物联网应用系统的硬件设备安装、调试与部署能力、物联网网络规划与设计能力；（2）物联网应用软件开发能力；（3）物联网应用系统的集成及系统运维能力	物联网安装调试员、物联网软件开发技术员、物联网设备运维技术员、物联网运营服务技术员、物联网产品售前与售后工程师、物联网系统集成工程师

根据对本专业主要面向的技术、职业领域的分析，得出了适应该职业技术领域所需要的专业核心能力以及主要的就业面向的职业岗位。

在三个技术（职业）领域中，对应了主要的职业工作以及职业岗位，见表A-2。

表A-2 技术（职业）领域对应的职业工作及岗位

序号	技术（职业）领域	职业工作	主要职业岗位
1	物联网安装调试	利用检测仪器和专用工具安装、配置、调试各类物联网产品与设备	物联网安装调试员、物联网系统管理员、物联网设备运维技术员
2	物联网应用软件开发	物联网应用软件的开发、软件测试	物联网应用软件开发技术员、软件测试技术员
3	物联网应用系统集成与运维	物联网应用系统的集成、运营管理与维护、物联网产品的售前售后服务	物联网运营服务技术员、物联网产品售前与售后工程师、物联网系统集成助理工程师

对于职业岗位标准的工作要求见表A-3。

表A-3 职业岗位标准的工作要求

序号	职业标准	工作要求	工作要求汇总
1	物联网安装调试员	知识： （1）具备计算机基本知识； （2）具备电子电工基本知识； （3）具备物联网系统基本知识； （4）具备物联网应用场景知识； （5）具备安全生产与环境保护意识。 能力： （1）能识读物联网网络施工图； （2）能制作网络跳线； （3）能识别各类传感器设备的接线并连接； （4）能使用常见的电工工具和仪表； （5）能安装物联网基础功能模块； （6）能安装与应用物联网应用软件； （7）能进行基本的物联网组网。 素质： 认真严谨，忠于职守，勤奋好学，活学活用，具备钻研能力和创新精神，爱岗敬业，遵纪守法。 综合工作任务： 熟练运用常用的电工工具和仪表进行物联网设备，能进行软件以及系统的安装与调试	知识： 具有信息技术、日常Office文档处理、项目管理、招投标等基本知识。 具有C语言程序设计基本知识，具有C#、Java、Python等高级程序设计语言知识。 具有移动互联、Android等基本知识。 具有嵌入式Linux操作系统基本知识。 具有网络互联技术基本知识。 具有电子商务、市场调研、售前售后服务知识。
2	物联网系统管理员	知识： （1）具备物联网系统硬件设备、应用软件、通信协议的基本知识； （2）具备物联网系统的运行测试以及故障诊断的知识； （3）具备物联网系统管理的知识。 能力： （1）能够认知各种物联网设备产品的性能和相关参数，并能为网络设备的选型提供参考依据；	能力： 能辅助物联网系统工程项目的规划、设计、实施和验收。 能对物联网应用系统进行有效管理，包括系统硬件、软件、数据等。 能对物联网应用系统的运行进行监管，保证系统的稳定可靠运行。

续表

序号	职业标准	工作要求	工作要求汇总
2	物联网系统管理员	（2）能够配置RFID、传感器、智能终端等主要物联网设备； （3）能够在物联网系统环境下调试RFID、传感器、智能终端等设备； （4）能够分析物联网设备运行过程中的错误信息，并能排除网络故障； **素质：** 具有安全、节能和环境保护意识，具有勇于创新、敬业乐业的工作风；具有良好的职业道德和较强的工作责任心。 **综合工作任务：** 熟练配置和调试RFID、传感器、智能终端等设备，保证物联网系统稳定、可靠地运行，解决系统运行过程中出现的软硬件故障	能进行典型物联网应用程序的开发。包括上位机以及移动端的程序开发。 能对物联网应用程序进行测试。 能根据企业业务特点选择信息平台，初步搭建企业电子商务框架。 能对物联网系统和产品进行售前的技术交流服务、制订项目方案，配合完成招投标工作。 能对物联网系统和产品售后进行技术支持
3	物联网设备运维技术员	**知识：** （1）具备典型物联网应用系统的行业背景知识； （2）具备物联网应用系统软件运行维护的知识； （3）具备物联网应用系统硬件运行维护的知识； （4）具备物联网应用系统数据维护知识。 **能力：** （1）能够实现物联网应用系统的管控，实现有效的安全防护与管理； （2）能够实现对物联网应用系统采集数据的有效控制； （3）能够对物联网应用系统硬件进行监管维护。 **素质：** 具有安全、节能和环境保护意识，具有勇于创新、敬业乐的工作风；具有良好的职业道德和较强的工作责任心。 **综合工作任务：** 熟练运用物联网应用系统运维知识，有效管理物联网应用系统采集的数据，解决系统运行时的软硬件问题	**素质：** 安全、节能和环境保护意识，具有勇于创新、敬业乐业的工作作风；具有良好的职业道德和较强的工作责任心。
4	物联网应用软件开发技术员	**知识：** （1）具备程序设计基本知识； （2）具备C#、Java、JavaScript+CSS3（HTML5）等高级程序编程知识； （3）具备Android等移动程序开发编程知识。 **能力：** （1）能利用C#、Java、JavaScript+CSS3（HTML5）等语言进行物联网上位机程序的开发； （2）能利用Android等语言进行移动应用程序开发和HTML5 Web跨平台开发； （3）了解Modbus国际标准通信协议，利用TCP/IP Modbus协调网关实现工业物联，与PLC、变频器以及具备RS-485接口的工业成品组网，同时具备非标接口协议开发能力。 **素质：** 具备较强的沟通协调能力，团队合作意识；具有良好的职业道德和较强的工作责任心。 **综合工作任务：** 熟练运用编程知识，并根据物联网应用系统项目需求进行程序设计，以及程序功能模块的开发	**综合工作任务：** 物联网系统项目建设、系统管理、系统维护，物联网应用程序开发、应用系统运维、售前售后服务。

续表

序号	职业标准	工作要求	工作要求汇总
5	物联网应用软件测试员	知识： （1）熟知软件测试的流程和方法； （2）具备软件测试工具的基本知识。 能力： （1）能够使用软件测试方法设计物联网应用程序测试用例； （2）能使用小型的测试工具进行单元测试、压力测试等； （3）能编写各种测试文档。 素质： 具备良好的逻辑思维能力，具有良好的团队合作能力，具有良好的自我学习和管理能力，具有严谨、细致的工作作风和工作态度。 综合工作任务： 使用编程语言实现物联网应用系统、网站及其他应用软件的技能，具备使用软件工程方法开发软件的能力，能够撰写软件需求、设计及测试技术文档，能设计和管理小型数据库	
6	物联网运营服务技术员	知识： （1）具有物联网技术、信息技术、数据库技术、计算机、物联网应用软件开发等基本知识； （2）具有电子商务、电商运营、电商平台运维、网络推广等基本知识； （3）日常办公设备及办公软件使用。 能力： 具备了解网站主流布局、结构规划功能等方面的能力；拥有数据分析、监测统计、监测统计的能力。 素质： 具备敏锐的观察比较能力和组织策划方案的能力。 综合工作任务： （1）能够列举优秀网络信息、交易平台，并根据企业业务特点选择信息平台，初步搭建企业电子商务框架。 （2）能够运用电商运营战略进行平台的运营	
7	物联网产品售前工程师	知识： （1）具有典型物联网产品性能及技术参数知识； （2）具有产品营销知识； （3）具有物联网应用的行业背景知识； （4）具有物联网硬件、软件等的基本知识。 （5）具有项目管理体系知识。 能力： （1）能与用户进行技术交流，完成技术方案撰写、技术方案宣讲等；配合公司销售人员完成相应项目的投标；标书的技术应答、系统软硬件配置、公开报价、讲标答标等 （2）对特定项目、行业、市场、用户需求、竞争对手等方面定期提出分析报告，为公司的市场方向、产品研发和软件开发等提供建议； （3）能熟练制作各类Office文档。 素质： 具备创新能力和团队协作创新能力，组织策划方案的能力。 综合工作任务： 负责与客户进行售前技术交流，完成技术方案的撰写；配合公司销售完成项目投标；完成产品的市场分析报告等	

续表

序号	职业标准	工作要求	工作要求汇总
8	物联网产品售后工程师	知识： （1）具有售后服务流程知识； （2）具有物联网典型产品性能及技术参数知识； （3）具有物联网应用的行业背景知识； （4）具有RFID、传感器、智能终端、物联网网关等物联网专业知识。 能力： （1）能按照规范的产品操作说明完成物联网产品的安装、调试工作； （2）能为客户进行售后技术培训； （3）能解答客户对产品的疑问，解决产品的技术问题。 素质： 具备创新能力和团队协作创新能力，组织策划方案的能力。 综合工作任务： （1）负责产品的调试、安装； （2）负责产品的技术培训； （3）负责产品的维修。	
9	物联网系统集成助理工程师	知识： （1）具备RFID技术、传感器技术、无线网络技术、物联网工程项目规范等知识； （2）具备物联网系统工程项目组织、管理与实施等知识； （3）具备物联网系统行业规范、标准等知识。 能力： （1）能够认识物联网系统工程的规划、设备选型、工程施工、系统测试和运行管理全过程。 （2）能够辅助完成工程需求分析、网络工程分析与规划。 （3）能够完成物联网综合布线系统设计、实施、验收和认证测试。 （4）能够辅助完成中小物联网系统的项目标书。 素质： 具有勇于创新、敬业乐业的工作风；具有良好的职业道德和较强的工作责任心。 综合工作任务： 熟练运用物联网工程项目规范和标准、正确运用RFID、传感器等设备的技术指标进行物联网系统工程的分析和规划、设计、实施以及验收和认证测试等工作	

A.2 对典型工作任务的支持

通过对三个主要的技术（职业）领域的深入分析，提炼出要培养该职业技术领域的专业核心能力所需要的典型工作任务，如表A-4所示，其中，物联网安装调试（职业）领域对应物联网硬件设备的安装与配置和物联网应用软件的安装与运行两个典型工作任务；物联网应用系统开发与测试技术（职业）领域对应物联网应用软件开发和物联网应用软件测试与部署两个典型工作任务；物联网应用系统运营维护技术（职业）领域对应物联网应用系统集成和物联网应用系统运维两个典型工作任务。

表 A-4 典型工作任务汇总表

专业名称	物联网应用技术
专业技术（职业）领域	专业（职业）领域为物联网安装调试、物联网应用系统开发与测试、物联网应用系统运营维护
典型工作任务编号	典型工作任务名称
典型工作任务一	物联网硬件设备的安装与配置
典型工作任务二	物联网应用软件的安装与运行
典型工作任务三	物联网应用软件开发
典型工作任务四	物联网应用软件测试与部署
典型工作任务五	物联网应用系统集成
典型工作任务六	物联网应用系统运维

对上述六个典型工作任务进行分解后，得到完成该典型任务所需要掌握的专业技术、知识和技能。这些技术、知识和技能的分解和重组，形成了后续本专业的专业基础课程、专业技能课程以及综合能力课程。

A.3 其他要阐述和说明的问题

1. 本书内容体系架构

本书内容体系结构如图 A-2 所示。

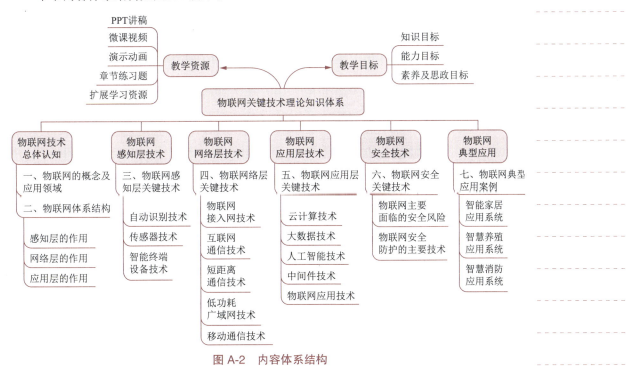

图 A-2 内容体系结构

本书按照物联网的感知层、网络层和应用层的三层体系架构进行设计，内容根据物联网技术的理论知识体系分为七章，第1章主要介绍物联网的概念及应用领域；第2章主要介绍物联网的体系结构，分析每个层次在物联网中的主要作用；第3章主要介绍感知层关键技术，包括自动识别、传感器以及智能终端等技术；第4章主要介绍物联网网络层关键技术，包括物联网中的各类通信技术；第5章主要介绍物联网应用层关键技术，包括云计算、大数据、人工智能、中间件等主要技术；第六章主要介绍物联网安全关键技术，包括物联网面临的安全风险和主要防范技术。第七章主要介绍典型的物联网应用案例，包括智能家居、智慧养殖和智慧消防等。

在每一章中都明确本章知识点的教学目标，包括知识目标、能力目标、素养及思政目标等。

2. 教学资源设计

（1）相关教学资源。每一章配套相关教学资源，包括PPT课件、微课视频、演示动画、章节习题以及扩展学习资源等。

（2）教学学习平台。本书配套超星泛雅在线课程平台，如图A-3所示，更多信息请访问课程网址或二维码。

课程网址：https://mooc1.chaoxing.com/course/86569084.html

图A-3　在线课程页面

习题参考答案

第 1 章

一、选择题

1. B 2. A 3. C 4. A 5. A 6. A 7. D

二、填空题

1. 全面感知 可靠传递 智能处理
2. 自由组织
3. narrow band Internet of things、窄带物联网
4. 数字化 网络化 智能化
5. 物联网 人工智能
6. 高速率 低时延

三、判断题

1. √ 2. √ 3. ×（解析：2005年）4. √

四、简答题

1. 物联网全面感知能力就是利用传感器技术、RFID射频技术、条形码技术、生物识别技术、语音识别技术以及图像识别技术等随时随地获取物体的信息的能力，主要包括物体属性及周边环境信息、位置信息、网络状态信息等。感知的最终目的就是要让人类更好地与"物"沟通，了解物体的相关信息并实现对物体的控制。

2. 智能家居就是物联网技术在家居生活中的应用，它以家庭住宅为平台，利用综合布线技术、网络通信技术、自动控制技术、音视频技术以及网络安全技术等将家居生活相关的设施进行集成的一个综合性物联网应用系统。

3.

（1）传输速率优势：借助5G通信技术的高速率、大容量以及低时延的优势，可以在最大限度上满足物联网对数据信息的传输需求，从而保证物联网能够得到全面和更深一层次的应用。

（2）安全优势：物联网实现了物物相连，使得人们在日常工作和生活中的各个部分得到了有效的互连，这对网络安全也有了更高的要求。

（3）便捷优势：随着5G通信技术在物联网应用领域中的不断应用与推广，物联网技术也延伸到了更多的应用领域，也更便于对传统的建筑环境进行基于物联网的智能化改造。

第 2 章

一、选择题

1．A 2．B 3．D 4．C 5．D 6．A 7．D 8．C

二、填空题

1．感知层 网络层 应用层

2．应用层 信息协同共享

3．标识技术

4．接入网 核心网 接入网

5．CAN 总线

6．客户端/服务器（C/S）浏览器 GET POST

7．消息发布 订阅

8．568A 568B

三、判断题

1．√ 2．√ 3．× 4．√ 5．√

四、应用题

1．感知层处于物联网的底层，它是智能设备（物）与感知网络的一个集合体，在物体上加上电子标签或各种传感器，可以让它组成感知网络，通过电子标签可以赋予物体在感知网络中的身份，通过各种传感器可以获取物体本身或所处环境的状态信息，另外，还可以结合相关的执行器设备来实现人与物之间的交互。感知层关联着物联网生命周期，决定了物联网的应用价值，影响着物联网的覆盖范围，关系着物联网的安全。

2．① 网络层是物联网通信的基础，通过它才能将感知层的终端设备所采集的数据传输到应用层的应用服务进行分析处理；② 物联网需要根据其不同的应用场景来选择对应的网络通信技术；③ 网络层的安全性决定了物联网系统的安全性，物联网中的业务数据在承载网络中传输的安全关系到数据是否可以安全可靠地送达应用端，并让应用端能够处理可信的数据，保证物联网系统的安全，同时建立终端及异构网络的鉴权认证机制，能够保证在异构网络下终端的安全接入。

3．物联网的无线连接技术主要分为两种：一种是局域网接入的方式，这种方式主要是传感器通过对应的物联网网关进行接入，如 ZigBee 网关、Wi-Fi 网关、蓝牙网关等；另一种是广域网直接接入的方式，如 NB-IoT、LoRa、eMTC、4G 和 5G 等技术。

4．物联网应用层的结构可以分为三个主要部分：① 中间件，该技术是一种介于物联网硬件和应用软件之间的技术，它是物联网应用中的重要软件组成部分，可以向下进行集成处理，向上直接为系统软件提供数据等资源，能够为物联网系统提供统一封装的公共能力；② 云计算与大数据技术，可以为物联网的海量数据提供存储和分析；③ 应用系统，即物联网技术应用在各个垂直行业和应用场景，用户通过应用系统可以与物理世界中的事物进行交互的系统，它也是物与物、人与物、人与人之间交流的桥梁。

第3章

一、选择题

1. A 2. C 3. D 4. D 5. D 6. D 7. B 8. D 9. B 10. A

二、填空题

1. 计算机技术　通信技术
2. 稳定　灵敏度
3. 角加速度计　线加速度计
4. 条　空
5. 非接触式　射频信号

三、判断题

1. × 2. √ 3. √ 4. √ 5. ×

四、简答题

1. 二维条形码除了左右（条宽）的粗细及黑白线条有意义外，上下的条高也有意义。与一维条形码相比，由于左右（条宽）上下（条高）的线条皆有意义，故可存放的信息量就比较大。从符号学的角度讲，二维条形码和一维条形码都是信息表示、携带和识读的手段。但从应用角度讲，尽管在一些特定场合我们可以选择其中的一种来满足需要，但它们的应用侧重点是不同的：一维条形码用于对"物品"进行标识，二维条形码用于对"物品"进行描述。

2. 传感器一般由以下四个部分组成：敏感元件、转换元件、信号调节转换电路和辅助电源。其中，敏感元件是指直接感受被测量并按一定规律转换成与被测量有一定关系的易于变换成电量的其他量的元件。转换元件，又称变换器，是传感器的核心，指能将敏感元件感受到的非电量转换成适于传输或测量的电信号的部分。信号调节转换电路对转换元件输出的电量进行放大、运算调制等处理，将其变成便于显示、记录、控制和处理的有用电信号，包括电桥电路、高阻抗输入电路、脉冲调宽电路、振荡电路等。辅助电源则用于对上述部分进行供电。

3. 目前基于位置的服务主要有：①自动导航，该服务可以给用户提供到达目的地的最优路径；②搜索周边服务信息，该服务可以提供指定位置的服务信息，如酒店、餐饮、娱乐场所等信息；③基于位置的社交网络，该服务可以提供在指定位置附近使用相同社交网络应用的用户信息。

4. 生物识别技术是指利用人体生物特征进行身份认证的一种技术。更具体一点，生物特征识别技术就是通过计算机与光学、声学、生物传感器和生物统计学原理等高科技手段密切结合，利用人体固有的生理特性和行为特征来进行个人身份的鉴定。

第4章

一、选择题

1．A 2．C 3．D 4．A 5．A 6．B

二、填空题

1．有线接入、无线接入

2．IEEE 802.15.4

3．主动、被动

4．全动能、精简功能

5．ZigBee 协调器节点、路由节点、终端节点

6．868 MHz 915 MHz 250 kbit/s

7．有中心拓扑 无中心拓扑

8．大连接、广/深覆盖、低功耗、低成本

9．GSM 蜂窝

三、判断题

1．√ 2．√ 3．× 4．× 5．√

四、问答题

1．

（1）高效率：主要指信息传播的效率，互联网没有围墙、门槛的聚集属性，使信息一经发出就能迅速让人知晓。

（2）高精准度：主要指信息传播的靶向性，互联网的使用习惯使从线下的被动接收信息变成线上主动搜索信息，使发布的信息能精确地传递到用户。

（3）实时便捷：主要指信息的展示不受地域、时空的限制，并且保持24小时不休地进行展示，只需一部智能设备，人们就可以随时随地地查找自己所需要的内容。

（4）互动联系：主要指信息的展现方式，各类软件、App 等 IT 工具的开发与出现，使得人与信息（物）、人与人的沟通、互动更多样、更灵活、更全面。

（5）展现丰富生动：主要指信息的展现渠道、载体、内容，形式更丰富、更有趣，如动画、视频、音频、图案等，用户体验更好。

2．

优点：

（1）覆盖范围广：卫星通信技术可以覆盖全球范围，解决了地面通信无法覆盖的区域问题。

（2）传输容量大：卫星通信技术的传输容量相对较大，可以同时传输大量数据。

（3）可靠性高：卫星通信系统可以抵御自然灾害等外部干扰，具有较高的可靠性。

（4）通信质量高：卫星通信技术在传输质量上表现稳定，不会受到地形和建筑物等因素的影响。

缺点：

（1）成本较高：卫星通信系统的建设和维护成本较高，需要投入大量的资金和人力。

（2）信号传输延迟：卫星通信技术的信号传输延迟较高，不适用于实时性要求较高的应用场景。

（3）容易受天气影响：卫星通信技术的信号容易受到天气等自然因素的影响，导致通信质量下降。

（4）难以保证信息安全：卫星通信技术的信号可以被拦截和窃取，难以保证信息的安全性。

3．NB-IoT的主要技术特征主要体现在以下四个方面：

（1）大连接：在同一基站的情况下，NB-IoT可以比现有无线技术提供50～100倍的接入数。

（2）广/深覆盖：NB-IoT室内覆盖能力强，MCL比LTE提升20dB增益，相当于提升了100倍覆盖区域能力。

（3）低功耗：NB-IoT聚焦小数据量、小速率应用，因此NB-IoT设备功耗可以做到非常小，设备续航时间可以从过去的几个月大幅提升到几年。

（4）低成本：与LoRa相比，NB-IoT无须重新建网，射频和天线基本上都是复用的。

4．基于蓝牙技术的设备在网络中所扮演的角色有主设备和从设备两种，其中主设备负责设定跳频序列，从设备必须与主设备保持同步。主设备负责控制主从设备之间的业务传输时间与速率。在组网方式上，通过蓝牙设备中的主设备与从设备可以形成一点到多点的连接，即在主设备周围组成一个微微网，网内任何从设备都可与主设备通信，一个主设备同时最多只能与网内的7个从设备相连接进行通信。

5．①覆盖广，支持大范围组网；连接终端节点多，可以同时连接成千上万的节点；②功耗低，只有功耗低，才能保证续航能力，减少更换电池的麻烦；③传输速率低，因为主要是传输一些传感数据和控制指令，不需要传输音视频等多媒体数据，所以也就不需要太高的速率，而且低功率也限制了传输速率。

第5章

一、选择题

1．D 2．A 3．B 4．C 5．D 6．C 7．B 8．A 9．D 10．C

二、填空题

1．互联网　需求

2．私有云计算　公有云计算　混合云计算

3．基础设施即服务（IaaS）平台即服务（PaaS）软件即服务（SaaS）

4．Volume（大体量）Variety（多样化）Velocity（高时效）Value（大价值）

5．监督式学习　无监督式学习　半监督式学习　强化学习

6．硬件模块　应用软件

7．监控型　控制型　扫描型　查询型

三、判断题

1. × 2. √ 3. × 4. × 5. × 6. √ 7. ×

四、简答题

1.（1）私有云计算：一般由一个企业或组织自建自用，同时由这个企业或组织来运营，主要服务于企业或组织内部，不向公众开放。

（2）公有云计算：由云服务提供商去运营，面向的用户可以是普通的大众。

（3）混合云计算：将公有云和私有云结合在一起的一种模式。它强调基础设施是由两种云来组成，但对外呈现的是一个完整的实体。

2. 云计算是利用互联网的分布性等特点来进行计算和存储，是一种网络应用模式；而物联网是通过射频识别等信息传感设备把所有物品与互联网连接起来实现智能化识别和管理，是对互联网的极大拓展。两者存在着较大的区别。但是，对于物联网来说，传感设备时时刻刻都在产生着大量的数据，这些海量数据必须要进行大量而快速地运算和处理。云计算带来的高效率的运算模式正好可以为其提供良好的应用基础。没有云计算的发展，物联网也就不能顺利实现，而物联网的发展又推动了云计算技术的进步，两者又缺一不可。

3. 大数据有4个显著的特性，分别为Volume（大体量）、Variety（多样化）、Velocity（高时效）、Value（大价值），一般我们称之为4V。

4. 中间件是介于各种分布式应用程序和系统软件（包括操作系统和底层通信协议等）之间的一个软件层。它作为一种独立的系统软件或服务程序，介于上层应用和下层硬件系统之间，发挥服务支撑和数据传递的作用。中间件向下负责协议适配和数据集成，向上提供数据资源和服务接口。上层的分布式应用系统借助这种软件，可实现在不同的技术之间共享资源。中间件位于客户机/服务器的操作系统之上，管理计算机资源和网络通信，可以提供两个独立应用程序或独立系统之间的连接服务功能。系统即使具有不同的接口，也可以通过中间件相互交换信息。

5. ①监控型，比如物流监控、环境监控等；②控制型，比如智能交通、智能家居等；③扫描型，比如手机钱包、高速公路不停车收费等；④查询型，比如远程抄表、智能检索等。

第6章

一、选择题

1. B 2. D 3. D 4. D

二、填空题

1. 分层模型 电磁干扰 资源受限 网络异构

2. 海-网-云

3. 身份认证 消息认证

4. 统计分析法 神经网络法 生物免疫法 机器学习法

三、判断题

1. √ 2. × 3. √ 4. √ 5. ×

四、简答题

1. ①芯片级安全技术；②内存安全技术；③轻量级密码技术；④认证技术；⑤访问控制技术；⑥隐私保护技术；⑦入侵检测技术；⑧病毒检测技术；⑨安全路由技术。

2. 物联网感知数据通常会携带有敏感信息，攻击者可以通过被动或主动方式窃取感兴趣的数据。有些重要的智能物联网终端设备其业务可能涉及敏感信息的采集、存储，如果在设计开发时没有对重要数据进行加密存储，或加密算法强度较弱，就可能导致设备失陷后造成敏感信息泄露；另外，如果是重要基础设施，攻击者也可能通过侧信道攻击分析芯片运算时电磁辐射变化获取敏感信息，所以感知终端设备在设计时也应当根据业务重要性考虑应用电磁防护手段。

3. 网络层主要用于把感知层收集到的信息安全可靠地传输到处理层。因此网络层主要包括互联网、移动网、卫星网等网络基础设施。信息在传输的过程中可能会经过多个异构网络的交接，其网络层的安全问题有：①分布式拒绝服务攻击；②中间人攻击；③异构网络攻击；④路由攻击。

参 考 文 献

[1] 季顺宁.物联网技术概论[M].北京：机械工业出版社,2022.

[2] 李道亮.农业物联网导论[M].北京：科学出版社，2016.

[3] 刘刚，谭方勇.窄带物联网（NB-IoT）应用开发教程[M].西安：西安电子科技大学出版社，2023.

[4] 方娟，陈锬，张佳玥，等.物联网应用技术[M].北京：人民邮电出版社,2020.

[5] 汤一平.物联网感知技术与应用：智能全景视频感知[M].北京:电子工业出版社，2013.

[6] 马洪连，丁男.物联网感知、识别与控制技术[M].北京:清华大学出版社,2017.

[7] 林康平，王磊.云计算技术[M].北京：人民邮电出版社，2017.

[8] 王鹏，李俊杰.云计算和大数据技术概念、应用与实战[M].北京：人民邮电出版社，2016.

[9] 邓庆绪，张金.物联网中间件技术与应用[M].北京：机械工业出版社，2021.

[10] 王文利，杨顺清.智慧消防实践[M].北京：人民邮电出版社，2020.

[11] 李向阳，于涵诚，董友霞.物联网系统设计[M].北京：中国人民大学出版社,2023.

[12] 李道亮.物联网安全基础[M].北京：科学出版社,2013.

[13] 王玉晓，宋佳城.火灾自动报警与智慧消防物联网火灾防控系统[M].北京：中国人民公安大学出版社,2020.

[14] 徐放.智慧消防技术体系[M].北京:中国计划出版社,2023.

[15] 谭方勇，臧燕翔.物联网应用技术概论[M].北京:中国铁道出版社,2019.

[16] 彭聪.物联网概论[M].西安：西安电子科技大学出版社,2021.

[17] 吴启晖，田华.现代移动通信[M].北京：机械工业出版社,2022.

[18] 褚云霞，李志祥，张岳魁，等.低功耗广域物联网技术开发[M].石家庄：河北科学技术出版社,2021.

[19] 孙新贺.智能家居系统搭建入门实战[M].北京：中国铁道出版社有限公司,2022.